네일 디자인

NAIL DESIGN

허정록 · 임서윤 공저

형설출판사
www.hyungseul.co.kr

Preface

현대 산업의 발전과 함께 문화 수준의 향상으로 미용 분야의 발달은, 학계와 산업체 모두 질적·양적으로 급속히 팽창하고 있다.

아름다움을 추구하는 것은 인간의 본능적인 욕망이며, 이는 세월이 가고 시대가 바뀌어도 변하지 않는 염원이자 아마도 그것은 여성의 아름다움에 대한 열망이라고 해도 과언이 아닐 것이다.

오랜 시대에 걸쳐 의상, 메이크업, 헤어, 액세서리 등 다양한 분야를 망라한 미적 추구는 이제 한발 더 나아가 더욱 '아름다운 손'을 요구하고 있다. 이에 본서는 21세기에 시대적 흐름에 맞춰 네일 아티스트들이 갖추어야 할 기초부터 응용 실습까지 체계적으로 정리하였다.

본서의 구성은 chapter 1에는 네일 아티스트가 되기 위한 첫걸음으로, 네일 개요와 시술 전 네일에 관한 전반적인 설명을 하였으며, chapter 2 네일 테크닉, chapter 3 다양한 디자인 아트 테크닉, chapter 4 네일아트 모음전의 내용을 정리하였다.

최선을 다하였으나 미흡한 점이 많으리라 생각이 된다. 이러한 점들은 앞으로 계속적인 연구와 조언으로 수정, 보완해 나갈 것을 약속드리며 이 작은 책이 네일 미용을 전공하는 학생이나 국가 자격증을 준비하는 분들에게 실제적인 좋은 길잡이가 될 것으로 기대해 본다.

끝으로 이 책이 나오기까지 늘 격려해 주신 주위의 많은 분들과 아낌없이 사랑을 주신 사랑하는 사람에게 감사드리며 출판을 위해 고생을 아끼지 않은 분들께 진심으로 감사의 마음을 전한다.

저자 일동

아.름.다.움.을.창.조.하.는.N.a.i.l.A.r.t

beauty Art

Contents

01 Chapter 네일 개론

1. 손톱화장의 역사 10
2. 세균학 14
3. 위생과 멸균 21
4. 네일 리스트의 이미지 24
5. 인체해부생리학 25
6. 피부학 56
7. 네일 구조학 76

02 Chapter 네일 테크닉

1. 네일 케어 재료와 사용방법 92
2. 손톱 모양과 파일 사용법 106
3. 마사지 113
4. 습식 매니큐어 122
5. 패디큐어 152
6. 네일 팁 160
7. 네일 랩 170
8. 실크 익스텐션 179
9. 아크릴 네일 187
10. 젤 네일 209
11. 왁싱 229

03

Chapter

디자인 아트

1. 핸드 페인팅 240
2. 워터 데칼 243
3. 스트라이핑 테이프 246
4. 마블 249
5. 생화네일 디자인 252
6. 데코레이션 아트 254
7. 3D 258
8. 에어브러시 260

04

Chapter

네일아트 모음전

1. 젤 디자인 266
2. 악세서리 디자인 267
3. 믹스미디어 디자인 268
4. 프로트랜스 디자인 269
5. 트랜드 디자인 270
6. 디저트 디자인 271

실전! 연습해 보기 272

아.름.다.움.을.창.조.하.는.N.a.i.l.A.r.t

beauty Art

It creates

Nail

beauty Art

Chapter 01

네일개론

1. 손톱화장의 역사
2. 세균학
3. 위생과 멸균
4. 네일 리스트의 이미지
5. 인체해부생리학
6. 피부학
7. 네일 구조학

1

손톱 화장의 역사

1) 손톱 화장의 정의와 유래

매니큐어란 라틴어의 손manus과 관리cure)는 뜻으로 손 마사지, 컬러링, 광택 내기, 큐티클 정리 등 손과 손톱을 관리하는 것을 말한다.

손톱 화장의 역사는 기원전 3000년경, 이집트와 중국에서 귀족층들이 누렸던 것으로 알려졌으며 고대 이집트에서는 헤나henna라는 붉은 오렌지색으로 손톱을 염색하였으며 부, 권세, 사치, 쾌락의 상징으로 사용되었다. 왕과 왕비는 짙은 색으로 물들였고, 또 신분이 낮은 사람들은 옅은 색으로 물들이게 하였다. 17세기 중국의 상류층 여자와 남자들의 경우에는 부의 상징으로 5인치 정도 손톱을 길렀으며 보석, 대나무 등을 이용하여 손톱을 장식하였다. 중국에서는 입술연지의 원료인 홍화 재배가 유행하여 네일에도 연지를 발라 조홍이라 하였다. 기원전 600년 중국의 귀족들은 화려한 역사에 걸맞게 검정색, 빨간색 ,금색, 은색 등으로 시대별 다양한 색상과 밀랍, 난백으로 사용함으로 상류층의 신분 과시와 미적 감각을 맘껏 누릴 수가 있었다. 17C 프랑스의 베르사유 궁전에서는 문을 노크하는 것은 예의에 어긋나는 행동이라 믿고 한 손만 손톱을 길게 길러 문을 두드리는 대신 긁도록 하였다. 인도의 여성들은 조모(매트릭스/matrix)에 문신 바늘로 물감을 주입시켜 상류층임을 과시했다 한다.

오늘날 다양한 기술이 발전되면서 기초 케어에서 수준 높은 기술까지 다양한 형태의 손톱과 세련된 색상이 유행되면서 하나의 패션 유행에 한 몫을 하면서 많은 사람들에게 관심의 분야가 되었다.

2) 손톱 화장의 변천사

손톱 화장이 근대에 들어서는 특정 계급을 위한 것이 아니라 대중적인 매니큐어Manicure가 되어가고 다양한 네일 제품이 개발되었다. 현대에는 근대보다 네일 테크닉과 네일 제품이 전문화, 세분화되어 네일 산업이 그 어떤 산업보다 주요 산업으로 발전하였다.

손톱 화장의 시대별 변천 과정은 다음과 같다.

(1) 고대

BC, 300년경에 신분이 높은 상류층에서 시작되었다. 이집트에서는 미라 손톱에 붉은색을 입혔고 헤나Henna를 제사와 관련하여 사용하였고 중국 왕조 때에는 연지를 만드는 홍화(洪化)를 이용하여 입술과 손톱에 두꺼운 연지를 주입하고 금색, 은색, 검정색, 빨간색으로 신분 과시와 미적 감각을 살렸다.

(2) 그리스, 로마 시대

남성의 전유물로써 손톱을 관리하기 시작하였다. 17세기경 인도에서는 신분을 표시하기 위해 조기질nail에 문신바늘로 물감을 주입하였다.

- **1800년**: 1800년대 이후 점점 손톱 화장은 대중화되었다. 손톱 모양은 끝이 뾰족하게 한 아몬드형 네일 모양인 포인트 타입Pointed type이 유행하였고 붉은색 기름을 바르고 샤미스(chamois: 염소나 야의 부드러운 가죽)로 광택을 냈다.
- **1885년**: 에나멜enamel의 주재료인 니트로셀룰로스가 개발되었다.
- **1890년**: 1892년 발 전문 의사 시트Sitts의 조카에 의해 유럽에서 매니큐어Manicure가 본격적으로 발전하여 여성들에게 새로운 직업으로 창출되었다.
- **1900년**: 메탈 파일Metel File이나 메탈 가위Metel Scissor를 이용하여 네일 관리를 하면서 손톱의 관리 부분에 치중하였다.

- **1920년**: 프랑스의 패션 디자이너 코코샤넬coco Chanel은 짧은 손도 매력적인 손톱이라는 걸 보여주고 보그Vogue 잡지에 Dr.코로니Korony가 도구를 사용하지 않고 행하는 네일 홈 케어를 제시하였다. 1925년 네일 팔리시Nail Polish 시장이 활발하게 움직였으며 색상은 투명한 계통의 자연색으로 다양하지는 않았고 손톱의 중앙에만 바르고 반월구Lunula와 양쪽 가장자리는 에나멜을 바르지 않았다. 화려한 색상을 바르는 것은 그 당시 에티켓에 어긋나는 것이었다고 전해진다.
- **1930년대**: 전기 기구를 이용하여 손톱 광택을 내는 기구들과 네일 에나멜, 리무버Enamel Remover, 큐티클 오일Cuticle oil등이 개발되었고 현대와 같은 네일 래커 제품들이 등장하였다. 1932년에는 다양한 색상의 네일 에나멜이 제조되었고 레브론Revlon사에서 최초로 네일 컬러와 입술 컬러를 매치시키는 네일 에나멜을 출시하였다.
- **1935년**: 인조 손톱이 등장하였다.
- **1940년대**: 여배우 리타 헤어워드에 의해 네일 패션이 시작되었다.

(3) 현대

- **1956년**: 헬렌커러Helen Gerly가 처음으로 네일 케어를 미용 학교에서 가르치기 시작하였으며 네일 팁Nail Tip사용이 급격히 늘었으며 당시 호일foil을 사용하여 시술한 패티 네일Patti nail이라고 불렸던 아크릴 네일Acrylic nail이 최초로 행하였으며 1957년 이후부터 패티큐어(pedicure)가 등장하였다.
- **1960년**: 실크(Silk)나 린넨(Linen)을 이용하여 약한 손톱을 강하게 만들었다.
- **1967년**: 손발을 아름답게 가꾸기 위한 트리트먼트Treatment가 시작되었다.
- **1970년**: 아크릴 네일acrylic nail이 등장하여 인조 손톱의 본격적인 시작을 알렸다. 미국의 서부 지역에서부터 시작된 아크릴 네일은 중부로 전해져 많은 학생들이 수강하면서 전파되었으며, 이 제품은 치과에서 틀니를 만들 때 사용하던 재료에서 발전되었다.
- **1973년**: 미국의 네일 제조 회사 IBD가 처음으로 손톱 전체를 붙이는 접착식 인조 손톱 개발하였다.
- **1975년**: NANANational Association of Nail Artist 네일 아티스트 협회의 결성으로 오리 인터내셔널Orly International회사가 에나멜 리퀴드 파이버 랩liquid

fiber wrap, 릿쥐 필러redge filler, 프라이머primer, 베이스 코트Base coat 등을 제조하였다.

- 1976년: 네모난 모양의 스퀘어square가 유행하였으며 동시에 에나멜, 아크릴, 파이버 랩fiber wrap이 등장함으로써 네일 아트가 미국에 정착하게 되었다.
- 1980년: 손톱에 모양을 낼 수 있는 액세서리, 에시Essie, 오피아이OPI, 스타star가 유행하였다.
- 1989년: 네일 산업의 급성장하게 되었다.
- 1992년: 인기 스타들에 의해 대중화되었고 NIAThe Nails Industry Association가 창립되어 네일 산업이 더욱 본격화 되면서 발전하였다.
- 1994년: 젤 네일의 시작은 독일에서 라이트 큐어드 젤 시스템light cured gel system이 등장하여 독일 치의학 관련 회사 Wild Dental사가 설립되고 치의학에서 얻어진 노하우와 기술력을 네일에 접목시켜서, Wild Cosmetics사로 변경하여 유럽 최초 안전한 UV 경화법 개발, UV젤 네일 제품을 생산하면서 시작되었다. 그리고 뉴욕 주에서는 네일 테크니션 면허 제도를 도입하였다.

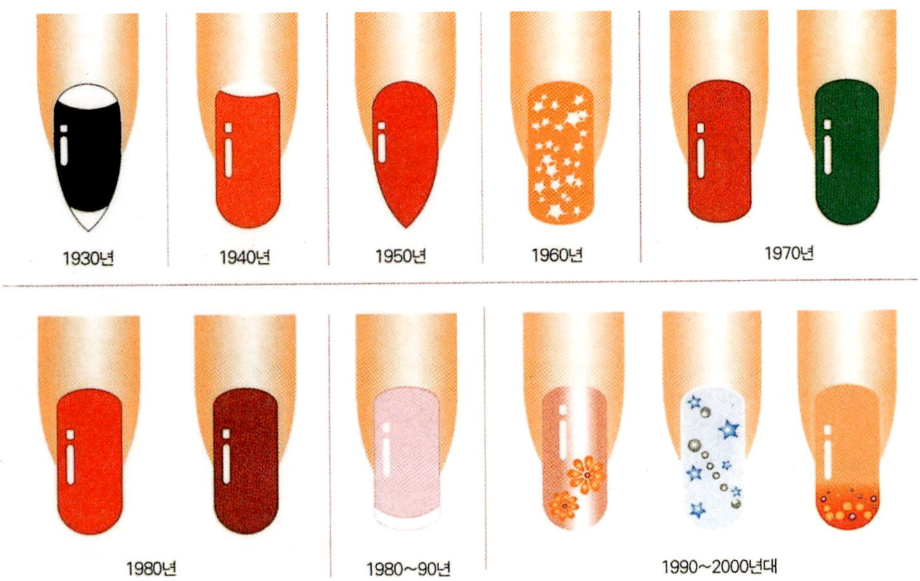

시대별 유행 손톱

2

세균학

네일 리스트는 고객의 피부와 접촉하기 때문에 박테리아, 바이러스, 진균, 곰팡이, 기생충으로부터 감염될 수 있기 때문에 위생과 살균에 대한 방법을 정확히 알고 위생 대책을 세울 줄 알아야 한다.

일반적인 종기로부터 손톱에 치명적인 손상을 입힐 수 있는 진균이나 생명을 위협하는 에이즈 바이러스에 이르기까지 다양하다. 그러므로 네일리스트는 감염체의 종류와 전파 경로를 알고 자신과 고객을 보호하기 위해서 세심한 주의가 관찰이 필요하다.

1) 박테리아(Bacteria)의 종류

박테리아Bacteria는 미세한 한 개의 세포로 이루어진 미생물로 너무 작아 현미경을 통해서만 볼 수 있다. 우리는 이것을 미생물microbiology이라고 부르기도 한다.

박테리아는 이 지구상에서 가장 많은 유기체로 15,000종류의 박테리아가 있는 것으로 알려져 있다.

박테리아는 물, 공기, 먼지, 인체의 분비물, 사람의 몸, 피부, 손톱 밑, 어디에나 존재하며 현재까지 알려진 박테리아의 종류에는 인체에 유해한 비병원체 박테리아와 병원체 박테리아로 구분한다.

(1) 비병원체의 박테리아(무해한 박테리아)

약 70%의 박테리아는 비병원체의 박테리아로 사람에게 무해하며, 오히려 유익한 기능을 주기도 한다. 비병원체 박테리아는 음식물이나 산소를 생산하는데 도움을 주며 토양을 비옥하게 증진시켜 주며 입안과 장기 내에 가장 많으며 음식물을 분해시켜 소화 작용을 돕는 역할을 한다.

비병원성 박테리아는 부패균으로 무생물dead matter에 기생하며 질병을 유발시키지는 않는다.

(2) 병원체 박테리아(유해한 박테리아)

약 30%의 박테리아만이 병원성 박테리아이다. 살아있는 식물이나 동물의 조직에 침입하여 서식하고 질병을 유발시키므로 위험하다. 이들 병원체는 급속히 확산되고 독소를 내놓으므로 감염이나 질병의 원인이 된다. 이러한 원인으로 미생물 또는 세균이라 한다.

2) 병원체 박테리아의 형태

(1) 킥싸이(cocci)

둥근 형태(구균) 박테리아로 단독 또는 집단을 이루며 서식하고 고름을 발생시키는 화농성 유기체이다.

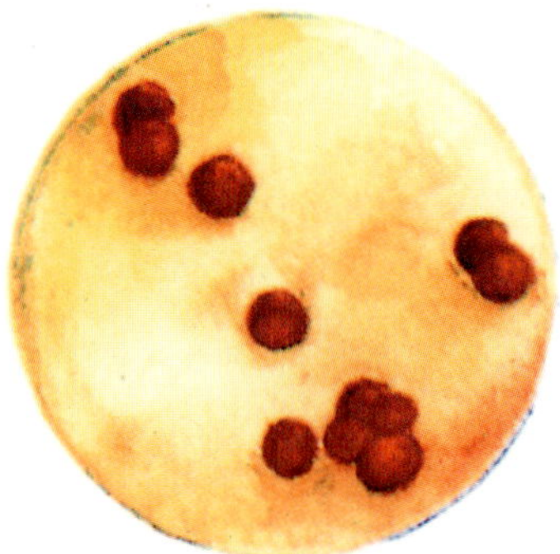

킥싸이(cocci)

① 디프로 킥싸이(diplo cocci)

두 개의 쌍으로 서식하며 쌍구균이라 한다. 폐렴, 정맥동염, 이염, 기관지염, 수막염 등의 질병을 유발한다.

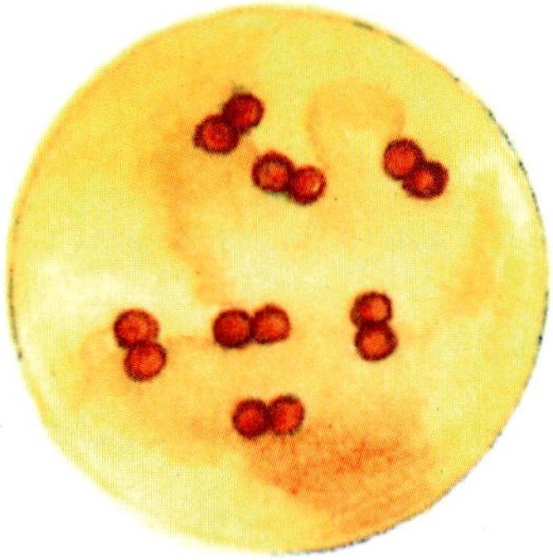

디프로 킥싸이(diplo cocci)

② 스트렙토 킥싸이(strepto cocci)

체인식 형태로 서식하며 연쇄상 구균이라 한다. 용혈성 세포 물질과 효소를 가지고 있다. 화농성 연쇄상 구균의 감염으로 피부와 피하 조직에 농피증, 성홍열, 인후염, 수막염 등의 질병과 목병을 일으키며 온몸에 펴져 폐혈증이나 류마티즘을 일으키게 한다.

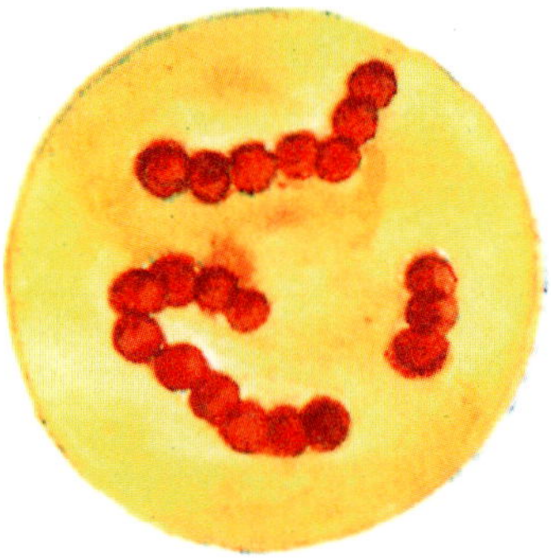

스트렙토 킥싸이(strepto cocci)

③ 스타팔로 킥싸이(staphylo Cocci)

불규칙한 포도송이 모양으로 무리를 지어 서식하며 포도상 구균이라고 한다. 주로 국부적인 감염을 나타낸다(종기, 종양. 농포 등).

스타팔로 킥싸이(staphylo Cocci)

(2) 바실리(bacilli)

간상균이라고도 한다. 가장 흔한 박테리아로서 나선 형태를 하고 있다. 종류에 따라 형태와 배열이 다르며 파상풍, 장티푸스, 폐결핵, 디프테리아 등을 유발한다.

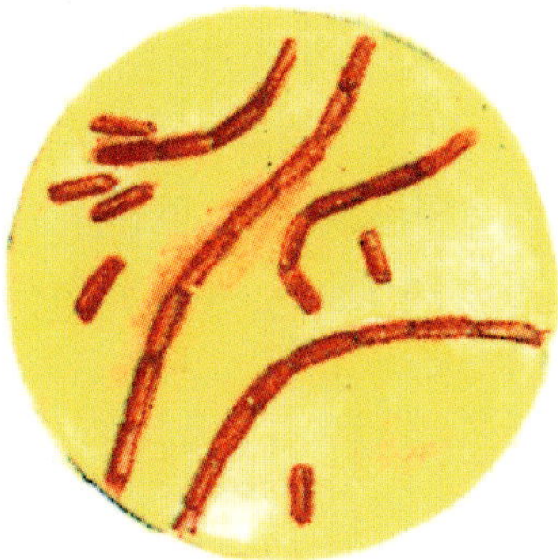

바실리(bacilli)

(3) 스파리라(spirilla)

나선균 또는 코르크스크루(병마개 따는 것)라고도 한다. 콜레라 쥐에 물려 열이 날 때 또는 매독에서 발견된다.

스파리라(spirilla)

3) 박테리아의 성장과 번식

박테리아는 따뜻하고 습기가 많은 곳에서 서식하고 성장하며 번식하게 된다. 네일 테이블 서랍 속에서 위생 처리가 안 된 소도구는 박테리아가 번식하기에 아주 좋은 곳이 된다. 박테리아는 영양과 산소의 수분을 섭취함으로써 일정한 크기로 성장하게 되며 완전히 성장한 박테리아는 똑같이 두 개의 세포로 나눠진다. 두 개로 분열된 세포는 다시 성장, 분열 과정을 거쳐 4개, 8개, 16개식으로 12시간 내에 1,600만 개까지 증식되는 현상을 유사 분열Mitosis이라고 하는데 주위 환경이 성장과 번식에 적절하지 못하면 아포spore라고 하는 딱딱한 껍데기로 형성된다.

4) 바이러스(Viruses)

바이러스는 살아있는 생명체 중에 가장 작은 20~300nm 크기의 병원체 균이다. 너무 작기 때문에 세균 여과기의 필터를 통과할 수 있으므로 비여과성 유기체라고도 한다. 바이러스는 세포에 들어가 성장하고 증식한다. 바이러스는 감기, 홍역, 급성 이하선염, 천연두, 수두 등의 질병을 유발시킨다. 가장 치명적인 바이러스는 후천성 면역 결핍증AIDS을 일으키는 인체 면역 결핍 바이러스human immuno dificiency virus이다. 이 바이러스는 인체에 침입 하여 면역 조직을 파괴하고 마비시켜 합병증을 유발하기도 한다. 잠복기가 길게는 10년을 넘길 수 있어 발병하면 카포지 육종과 각종 면역 질환으로 치사율이 매우 높다.

바이러스는 페놀, 염소, 포르말린 등의 소독제를 이용하여 56℃ 이상의 온도에서 30분 이상 가열하게 되면 감염력이 상실되며 바이러스는 장기간 보존하는 방법으로 −70℃ 이하에서 냉동 진공하거나 50% 글리세린 용액에 보관하는 방법이 있다.

5) 진균(Fungus)

진균은 넓은 의미로 모든 종류의 진균fungus과 사상균mold을 포함하는 단순 기생물을 말한다.

곰팡이, 효모, 버섯류 등이 진균에 포함되며 박테리아보다 크기가 큰 진핵 세포로 구성되어 있어 다양한 방식으로 증식한다.

진균은 구형 또는 원통형인데 반해 사상균은 가늘고 긴 실 모양을 하고 있다. 효모와 같은 진균은 발효 식품에 이용되고 있으며, 질병을 유발하는 진균으로 대표적인 것이 피부 사상균과 칸디다균이다.

손톱의 경우 피부 사상균은 동물이나 환자에게서 주로 감염되는데 케라틴 조직에 기생하며 질환을 유발시킨다.

칸디다균은 손톱 주변에 침투하여 염증을 일으킨 후 손톱으로 이동한다.

고객 중 진균과 사상균에 감염된 고객에게는 네일 서비스를 제공해서는 안 되며, 이는 진균과 사상균이 다른 고객이나 시술자 자신에게 전염될 위험성을 가지고 있기 때문이다.

진균과 사상균을 지닌 고객에게 의사와 상담하도록 반드시 권하도록 해야 한다.

(1) 진균, 곰팡이(fungus)

네일 바디 바로 밑 부분에 흰색으로 변색되어 나타난다. 진균은 큐티클 조갑으로 퍼져 가는 증상이며 진전됨에 따라 감염된 부위가 어두운색으로 변색된다.

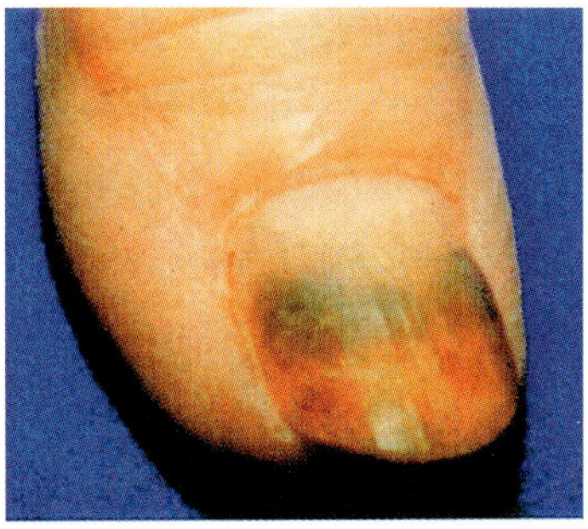

진균, 곰팡이(fungus)

(2) 사상균(mold)

훵거스와 같은 상태로 위생 처리가 되지 않은 자연 네일이나 상품화된 제품 즉 팁, 랩, 젤 혹은 아크릴 네일에 습기가 남아 있을 때 발생하며 처음엔 황록색 반점으로 나타났다가 점점 검게 변하며 일정기간이 지나면 네일은 약해지고 악취가 나면서 손톱이 떨어져 나간다.

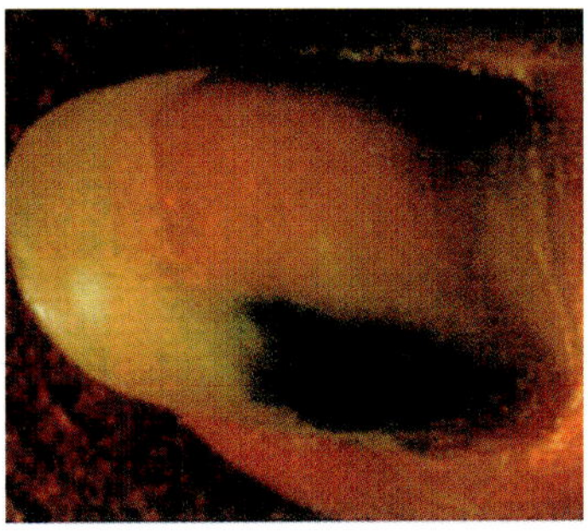

사상균(mold)

(3) 리케치아(rickettia)

리케치아rickettia는 세균보다는 작고 바이러스보다는 큰 짧은 막대 모양으로 구균과 같이 한 개씩 또는 쌍으로 서식한다. 절지동물에 기생하여 급성, 열성 질환으로 발연, 피부 발진, 맥관염 등의 증상을 보인다. 발지티푸스와 록키산 반점 열병을 발생시키며 벼룩, 진드기, 이 등이 전파시킨다.

(4) 파라사이트(parasites)

다세포의 동물성 혹은 식물성 기생균이다. 유기체 표면에 기생하여 외부 기생체ectoparasites인 참진드기와 몸 안에 기생하는 연충, 원충류 등과 같이 안에 기생하는 내부 기생충endoparasites로 분류하거나 동물성 파라사이트(옴벌레, 이)와 식물성 파라사이트(버짐 등)로 분류하기도 한다.

3

위생과 멸균

위생sanitation은 병원균을 막고, 감염된 질병의 위험을 줄이기 위해서 어떤 대상 물질의 표면 또는 그 내부에 분포하여 세균을 완전하게 만드는 과정이다.

고객을 상대하는 네일 관리사는 네일 숍 내부의 모든 도구와 기구들을 청결하게 유지해야 한다.

1) 위생

신체를 청결하게 유지하고, 작업장의 기구나 도구를 포함한 숍 전체를 멸균한다는 것은 사실 불가능하나 최대한 깨끗하게 처리해야 한다.

2) 소독

사람에게 유행한 미생물을 파괴시켜 감염의 위험성을 제거하는 방법으로 비교적 약한 살균제를 사용한다. 그러나 포자는 사멸되지 않는 단계로 보통 소독은 무생물을 대상으로 하는 용어인 반면에 생명체에 대해서는 항균 antiseptics이라는 용어를 사용한다.

3) 살균

병원성 또는 비병원성 미생물 및 포자의 완전 사면 단계

(1) 물리적 살균법

살균은 물리적이고 화학적인 방법을 통해 이루어진다. 세균을 죽이는 물리적인 방법은 고온과 방사선을 이용하는 것이 있다. 물리적인 살균 방법은 다음과 같다.

① **자외선 소독**: 대부분의 박테리아는 2~3시간 동안만 자외선에 노출되어도 죽거나 약해진다. 그러나 이 자외선은 눈에 노출되면 해로움으로 노출되지 않도록 주의한다. 현재 네일 숍에서 가장 보편적으로 사용되어지고 있는 물리적 살균법이다.
② **열탕 소독**: 살균 대상을 100℃ 이상 끓는 물에 넣거나 기구를 이용한 스팀 방법이 있으나 숍에서는 적절하지 못하다.
③ **건열 소독**: 살균 대상을 지속적으로 300~320℃의 고온에서 박테리아를 살균하는 방법이다.

(2) 화학적 살균법

화학적 살균 방법은 값싸고 쉬우며 효과적이어서 숍에서 매일 사용되며 세균을 죽이는 액체 제품인 방부제와 살균제 등이 있다. 방부제는 박테리아를 죽이지는 않고 활동을 억제시키기만 한다. 살균제는 유익한 박테리아와 유해한 박테리아를 모두 해롭지 않게 만든다. 알코올 등을 이용한 살균 방법은 방부제(30% 알코올), 살균제(70% 알코올)로 분류된다. 이들 제품을 사용할 때는 반드

시 첨부된 사용 설명서에 따르도록 한다.

① **소독제:** 액체로 되어 있으며 박테리아를 죽이기도 하고 또 성장을 저해하기도 한다. 소독제는 피부나 손톱에 안전하다.

② **살균제:** 소독제보다는 강하여 피부에 사용할 수 없고 도구를 위생 처리 및 살균하는 데 사용한다.

③ 네일 숍에서 사용되는 화학 제품은 반드시 사용 방법을 읽고 따라야 하며, 모든 소독 제품을 섞을 때는 반드시 장갑과 보안경을 착용하여야 한다. 또한, 손가락을 소독제에 담가서는 안 된다.

TIP

네일 숍의 위생 관리 방법

- 작업 도구를 비누와 따뜻한 물로 잘 닦아 마른 수건으로 완전히 건조시킨다.
- 작업 공간은 조도가 높고 냉난방이 되어야 하며 환기가 잘 되어야 한다.
- 타월은 청결하고 1회만 사용한다.
- 테이블은 소독 약품이나 위생 약품으로 닦아준다.
- 파일, 오렌지 우드 스틱 등 일회용품은 한번 시술 후 버리도록 한다.
- 바닥에 떨어진 기구는 소독을 하기 전에 다시 사용하지 않는다.
- 바닥은 필요할 때마다 자주 닦고 쓰레기통은 자주 비워야한다.

네일 숍에 사용되는 화학 물질 관리 방법

1) 화학 물질에 과다 노출 시 증상으로 감기 증상처럼 두통과 콧물이 난다. 잠을 제대로 못자고 목이 마르고 아프며 피부 발진과 염증이 생기고 호흡 장애가 일어나기도 한다.

2) 예방 방법
   - 공기를 자주 환기시키고 냄새가 잘 빠져나가게 한다.
   - 손톱을 파일링 할 때 가루를 흡입할 수 있으므로 마스크를 착용한다.
   - 시술시 보안경을 착용하며 렌즈 사용은 피한다.
   - 화기성이 강한 제품들을 사용하기 때문에 숍 안에서는 담배를 절대 피워서는 안 된다.
   - 제품들은 통풍이 잘되는 곳에 보관하여야 한다.

4

네일리스트의 이미지

직업 윤리는 행동의 옳고 그름에 대한 것이다.

전문 네일리스트는 직장 내에서 매일 발생하는 종업원과 고객, 직장 동료들과의 행동 여하에 따라 프로로서의 성공 여부가 결정된다고 볼 수 있다.

1) 올바른 예절

① 예의 바르고 친절하게 한다.

② 말과 행동을 조심해야 한다.

③ 출근 시간과 퇴근 시간, 약속 시간을 잘 지킨다.

④ 자기가 한 말과 행동은 반드시 실천한다.

⑤ 직장의 규범을 따라야 한다.

⑥ 공정해야 한다. 주변의 사람들이 언행을 높이고 다툼이 있을 때 옳은 지혜와 판단으로 공정해야 한다.

⑦ 정직하고 성실하며 타인에게 거짓을 말하지 말고 진실을 말한다.

⑧ 협조적으로 행동한다.

⑨ 열심히 공부하고 노력하여야 한다. 네일 리스트는 전문적인 직업이기 때문에 공부하고 노력하지 않으면 낙오된다.

2) 고객에 대한 올바른 예절

(1) 고객이 전화를 하거나 숍으로 방문할 때

① 전화를 받을 때는 친절하고 명랑하게 받아야 한다.

② 고객 관리 카드를 준비하고 고객의 질문에 성심성의껏 답변한다.

③ 고객이 숍으로 들어올 때 웃으면서 밝게 맞이하여야 한다.

④ 처음 보는 고객일 경우 자신의 이름을 먼저 얘기한 후 고객의 성함을 묻는다.

⑤ 고객의 코트나 옷을 받아서 정리하고 잡지나 음료수를 제공한다.

⑥ 자신의 일이 바쁘고 힘들더라도 고객에게 불친절하게 대하지 말고 주변의 동료에게 친절하게 모시도록 부탁한다.

(2) 고객이 숍에 있을 때

① 항상 그날의 스케줄을 점검하고 고객의 성함을 잊지 않도록 한다.

② 고객과의 약속 시간을 철저하게 지켜야 한다.

③ 당신이 올바르게 행동하는 것이 "광고"이다. 고객이 당신을 보고 따라 할 만큼 당신의 행동이나 외모를 청결하게 유지해야 한다.

④ 네일리스트라는 직업을 소중히 여겨야 한다. 당신이 직업을 소중하게 여기면 고객들이 무시하지도 함부로 대하지도 않을 것이다.

⑤ 고객에게 네일 아트를 시술하기 전에 충분히 상의한 다음에 시술해야 한다. 그리하면 민망하거나 당황하는 일이 없을 것이다.

5

인체해부생리학

1) 서론

(1) 해부학과 생리학의 정의

① 해부학anatomy이란 생물체의 구조, 형태를 연구하는 학문이다.

② 생리학physiology이란 생물체의 기능, 작용에 관하여 연구하는 학문이다.

(2) 인체의 구조적 단계

모든 개체의 구조와 기능적 특성은 구성 성분에 의해 결정되며, 화학 물질→ 세포 소기관→세포→조직→기관→계통→인체의 구조적 단계로 이루어진다.

(3) 생명의 특성

① **신진대사**: 동화 작용과 이화 작용에 의해 생명 에너지가 발생하여 대사 활동에 이용된다.

② **성장**: 세포 분열을 통하여 수와 부피가 커지는 현상이다.

③ **번식**: 종족을 유지하기 위한 수단으로 유전자 기능에 의해 다음 세대에 생명의 구조를 계승한다.

④ **적응**: 생존의 수단으로 환경의 변화에 형태나 기능을 조절하고, 번식을 통해 성장과 발달로 진화를 거듭하면서 환경에 적응한다.

⑤ **운동**: 능동적, 수동적 움직임

⑥ **반응**: 자극을 최소화하고 적응하려는 현상으로 의식, 무의식 반응에 의해 내·외적 자극을 적절하게 통제한다.

⑦ **항상성**: 외부의 자극에 신체의 내적 환경의 생리현상을 일정하게 유지하려는 성질이다.

(4) 항상성 유지 기전

① **음성 되먹이기 기전(negative feedback)**: 정상적인 상태에서 변화가 생겼을 때 그 변화값이 감소하는 기전으로 혈압유지 기전이 이에 속한다.

② **양성 되먹이기 기전(positive feedback)**: 정상적 상태에서 변화가 생겼을 때 그 변화값을 크게 하는 기전으로, 출산의 경우 양성 되먹이기 기전의 한 예에 속한다.

(5) 인체의 면

해부학적 자세란 인체의 발이 앞으로 향하고 양 팔을 측면에서 내린 상태에서 양 손바닥을 앞으로 향한 채 똑바로 서 있는 자세를 말한다.

① **시상면**: 인체를 수직으로 나눠 좌우 부분으로 나눈 면으로, 좌우 똑같이 나눈 면을 정중 시상면이라 한다.

② **전두면**: 인체를 수직으로 나눠 앞뒤 부분으로 나누는 면이다.

③ **횡단면**: 가로면, 인체를 수평으로 나눠 상하 부분으로 나눈 면이다.

2) 세포

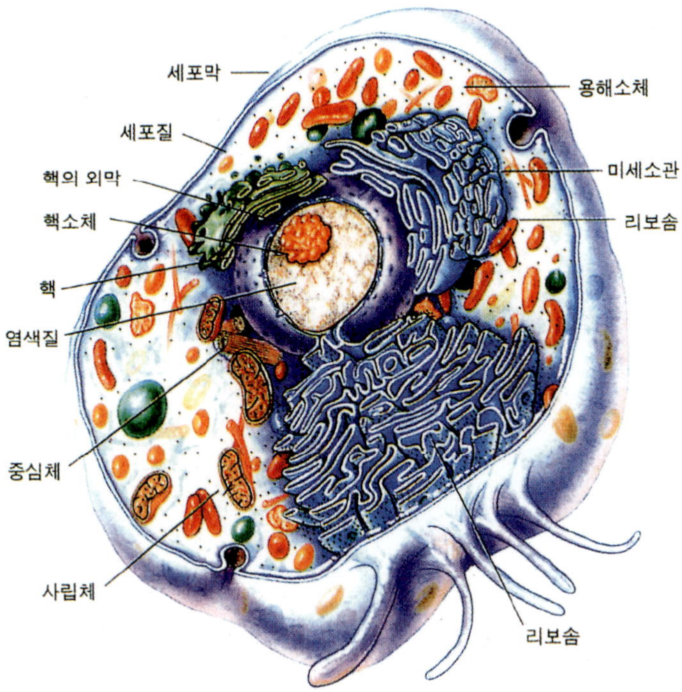

세포(cell)]

(1) 세포의 개념

① 생물체의 구조적·기능적·유전적 기본 단위이다.

② 각 세포는 모양과 크기와 구조와 기능이 서로 다르다.

③ 세포의 기본구조는 핵, 세포질, 세포막으로 분류한다.

(2) 세포의 구조

① **핵**

㉮ 세포의 중추로써 핵막, 핵형질, 핵소체, 염색질로 구성

㉯ 세포의 조절 센터로써 대사를 조절하고 세포 분열을 주도하며, 성장 및 단백질 합성에 관여

㉰ 유전 정보 센터로 DNA, RNA를 가지고 유전적 특질을 결정

㉠ 염색체(chromosome)

ⓐ 핵 속 염색질은 세포 분열기에 실 모양의 염색체로 변한다.

ⓑ 사람의 염색체는 남녀 46개(23쌍)가 존재하며, 44개(22쌍)는 체 염색체이고 나머지 2개(1쌍)는 성 염색체이다.

ⓒ 염색질의 기본 단위인 뉴클레오좀은 히스톤 단백에 DNA 사슬로 구성된다.

㉡ 핵산(nucleic acid)

ⓐ 염기(아데닌, 구아닌, 시토신, 티민), 당, 인산으로 구성되어 있다.

ⓑ 종류: DNA, RNA

- DNA: 유전자 정보를 담고 있으며 이중 나선 구조로 되어 있다.
- RNA: DNA 암호를 받아 세포질에서 단백질 합성에 관여하며 단일 사슬로 구성되어 있다(m－RNA: 유전 정보의 전달, r－RNA: 리보솜의 형성, t－RNA: 아미노산 운반).

㉢ 핵막: 이중막으로 핵과 세포질의 경계, 핵공을 통하여 핵과 세포질 사이에 물질 교환이 이루어진다.

② **세포질**: 원형질, 수많은 화학물질을 포함하여 세포를 구성하는 살아 있는 물질이다.

㉮ 세포 소기관: 한 가지 또는 두 가지 이상의 특수한 기능을 수행하는 소기관이다.

㉠ 미토콘드리아(mitochondria)

ⓐ 세포 내 호흡 담당

ⓑ TCA cycle, 전자 전달계

ⓒ 유기물의 산화에 관여하는 효소를 간직하고 있어 화학 에너지

ATP 생산, 세포 발전소의 역할

㉡ 리보솜(ribosome): 많은 양의 RNA를 함유하여 단백질을 합성한다. 일명 단백질 공장이라고도 한다.

㉢ 소포체(Endoplasmic Reticulum: ER): 리보솜에서 합성된 단백질을 모아서 세포질의 다른 부위나 세포 밖으로 수송하는 조면 소포체와 지방, 인지질, 스테로이드 화합물 등을 합성하는 활면 소포체로 구성되어 있다.

㉣ 골지체(golgi complex): 노폐 물질의 흡수와 저장, 농축, 세포 내 합성 물질을 외부로 분비하는 역할을 한다.

㉤ 리소좀(lysosome)

ⓐ 가수 분해 효소를 간직하고 있어 세포 내 소화에 관여한다.

ⓑ 세포 내에서 어떤 물질이 소화되려면 일단 리소좀과 결합한다.

ⓒ 세포가 죽을 때 리소좀막이 터지면서 나오는 효소 작용에 의해 세포를 파괴시키고 새로운 세포로 대체한다.

③ **세포막**

㉮ 단백질, 인지질, 탄수화물로 구성된 이중층

㉯ 세포 내의 경계막 역할과 선택적 투과성에 의한 물질 교환

㉰ 항상성 작용에 의한 세포 원형 유지

㉠ 단백질

ⓐ 표재성 단백질과 내재성 단백질로 구성

ⓑ 기능성 단백(효소)과 구조성 단백으로 작용

ⓒ 결합수를 함유하고 있어 최소한의 수분을 유지

㉡ 인지질 이중층

ⓐ 인산이 결합한 지질이 이중의 층으로 구성

ⓑ 친수성 역할을 하는 인산기와 소수성 역할을 하는 지질이 대칭 구조를 하고 있어 세포막 내·외가 수분을 함유

㉢ 탄수화물

ⓐ 단독으로 존재하지 않고 단백질, 인지질과 결합된 형태로 존재

ⓑ 주변 정보 수집하는 수용기로 작용, 면역반응에 관여

(3) 세포막(원형질막)을 통한 물질의 이동

① **수송(운반)**: 세포막을 통한 영양 물질, 노폐물의 이동

② **수동 수송**: 에너지 소모 없이 농도나 전기적 경사에 순응하는 수송 방법

㉮ 확산

㉠ 분자 농도가 높은 쪽(고농도)에서 낮은 쪽(저농도)으로 물질 분자(용질)가 이동되어 가는 현상이다.

㉡ 저질 용해성이 높을수록, 압력차·농도차 및 농도 경사가 클수록, 이동 입자가 작을수록 전기적 경사에 의해 이동 속도가 달라진다.

㉢ 폐의 가스 교환, 막 채널을 통해 Na+/K+ 이동한다.

㉯ 삼투

㉠ 세포막과 같은 선택적 투과성 막(반투막)을 통해 물질이 이동한다.

㉡ 세포는 세포막을 경계로 세포내·외액 사이에 삼투적 평형 상태를 유지한다.

㉢ 선택적 투과성 막을 경계로 비투과성인 물질과 투과성 용매인 물이 존재할 때 반투막에 미치는 압력을 삼투압이라 한다.

㉣ 등장성 용액(적혈구 농도(0.9%의 NaCl)와 같은 농도의 용액, 생리 식염수 또는 정상 식염수라 한다), 저장성 용액, 고장성 용액이 있다.

㉰ 여과

㉠ 막(맥 채널, 세포막공)을 통해 액체가 이동하는 순물리적 현상이다.

㉡ 혈압에 의해 모세 혈관 내 물질이 밖으로 빠져나가는 현상이다. 예 신사구체의 여과

③ **능동 수송**: 에너지 소모(ATP)와 운반체가 관여하며 농도와 전기적 경사에 역행하는 수송(이동) 방법

㉮ Na+/K+ 펌프에 의해 세포내·외의 성분이 일정하게 유지한다.

㉯ ATP ⇔ ADP + Energy(7.3kcal/mol) + P 반응에서 생성되는 에너지를 이용한다.

㉰ 세포막에 있는 Na+/K+는 ATP라는 운반체에 관여한다.

(4) 단백질 합성

DNA 유전 정보를 m－RNA(전령 RNA)가 전사하여 세포질 내 리보솜인 r－RNA(리보솜 RNA)로 이동한다. 정보에 따라 t－RNA(운반 RNA)가 아미노산을 운반하여 배열시킴으로써 단백질이 합성된다.

(5) 세포 분열

① **유사 분열**: 체세포 분열로 5단계를 거치며, 핵이 먼저 분열된 후 세포질이 분열된다.

㉠ 간기: 세포 분열 사이의 시기로 외부적 변화는 없다.

㉡ 전기: 핵막과 인이 소실, 염색질이 염색체로 변하며, 중심 소체가 방추사를 형성한다.

㉢ 중기: 염색체가 중심 부위에 나열하며(적도판 형성), 염색체가 가장 잘 관찰되는 시기이다.

㉣ 후기: 방추사에 연결된 염색체가 양극으로 이동한다.

㉤ 말기: 핵막과 인이 다시 형성되고 염색체가 염색질로 바뀌고 세포질이 두 개로 분리된다.

② **무사 분열**: 핵과 세포질이 동시에 분열한다. 예 곰팡이류, 암세포

③ **감수 분열**

(6) 체액

① 세포 내액, 세포 외액으로 구분된다.

② pH 7.3～7.4 유지, 폐의 이산화탄소 배출, 신장의 H^+ 배설, 신장의 Na^+와 HCO_3^-의 재흡수에 의해 조절된다.

③ **모세 혈관에서 액체의 이동 원리**: 혈압(액압), 혈장 교질 삼투압, 조직압, 조직 교질 삼투압이 관여한다.

④ 부종은 조직액의 이상 과다 현상으로 모세 혈관 내 혈압(액압) 상승, 혈장 단백질 감소, 모세 혈관의 투과성 증대, 림프관 폐쇄에 의해 유발된다.

(7) 화학 결합

① **이온 결합**: 한 원자가 전자를 잃고 또 다른 원자가 그 전자를 얻어 형성되는 화학 결합을 말한다. 소금(NaCl)

② **공유 결합**: 두 원자 사이에서 이루어지는 결합 방식으로, 두 원자가 한 개 또는 그 이상의 전자를 공유함으로써 형성된다. 예 물분자(H_2O), 메탄분자(CH_4)

③ **산(acid)**: 전자를 잃어버린 수소 원자인 양성자를 제공하는 것으로, 물에서 수소 이온을 유리하는 모든 물질을 말한다.

④ **염기(base)**: 양성자를 받아들이는 것을 말한다.

3) 조직

① 특별한 기능을 목적으로 같은 분화 과정을 거친 동일한 형태의 세포 집단이다.

② **인체를 구성하는 4대 기본 조직**

㉮ 상피 조직

㉯ 결합 조직

㉰ 근육 조직

㉱ 신경 조직

(1) 상피 조직

신체의 외표면이나 체강, 맥관의 내표피, 각 기관의 외피, 내강면을 덮는 막성 조직으로 보호, 방어, 흡수, 감각, 생식 세포 생산의 역할을 담당한다.

기저면과 자유 표면으로 구성되어 있으며, 기능과 배열에 따라 상피 조직이 분류된다.

① **편평 상피(단층과 중층으로 분리)**: 납작한 세포들이 위에서 보면 타일을 붙인 것처럼 연결되어 있고 핵막이 두드러져 있으며, 폐포에서 관찰된다.

② **입방 상피**: 세포의 가로와 세로 높이가 거의 같은 모양을 하고 있다. 한 층의 상피 세포가 입방형을 이루는 것으로, 수정체, 신장의 세뇨관, 갑상

선에서 관찰된다.

③ **원주 상피**: 단층 입방 상피와 비슷하나 구성 세포의 키가 큰 것이 특징이며, 위장벽, 자궁, 난관에서 관찰한 층 또는 여러 층의 원주상 세포로 이루어진 상피이다. 후두개나 결막원개에서 관찰된다.

④ **섬모 상피**: 원주 상피 세포의 표면이 변형된 섬모가 관찰되는 상피로 운동성을 가지며 기관, 기관지, 난관, 자궁의 점막상피가 대표적인 예로, 이물질 제거나 난자 수송기능을 담당한다.

⑤ **이행 상피**: 중층 편평 상피와 유사하며 신장시 입방 상피에서 편평 상피로 변화하여 세포를 감소시키고 신장 기능을 담당한다. 방광, 신우, 요관, 요도에서 관찰된다.

(2) 결합 조직

① 인체에서 가장 널리 분포하는 조직이다.

② 지방 조직, 조혈 조직, 연골 조직, 건, 인대, 골막 등이 해당한다.

③ 교원 섬유(콜라겐), 탄력 섬유(엘라스틴), 세망 섬유로 구성된다.

④ 지방 세포, 비만 세포, 색소 세포, 섬유 아세포, 대식 세포로 구성된다.

(3) 근육 조직

해부학적, 생리학적 측면에 의해 3종류로 분류한다.

① **골격근**: 가로무늬근(횡문근), 수의근

② **심장근**: 가로무늬근(횡문근), 불수의근

③ **평활근**: 민무늬근, 불수의근, 내장근, 혈관벽, 요관, 난관, 괄약근, 입모근, 모양체근, 등공산대근 등

(4) 신경 조직

① 신경 세포인 뉴런과 신경 교세포로 구성되어 있다.

② 뉴런(Neuron)은 세포체와 수상 돌기, 축삭 돌기로 구성되어 있다.

③ **시냅스**: 뉴런과 뉴런의 연결부이다.

④ **신경교**: 신경 세포의 지지, 영양 공급, 이물질의 탐식 작용을 수행한다.

4) 계통(system)

신체 전체의 건강이라는 공통의 목적으로 협력하는 기관이 모인 곳이다.

(1) 골격 계통

지주, 보호, 운동(수동=뼈, 능동–근육), 조혈, 무기질을 저장한다.

(2) 근 계통

3형의 근육은 수축과 이완이라는 기능이 있다. 골격근은 관절에 작용하며 심근과 내장근은 수축으로 내용물을 혼합하거나 추진시키는 기능을 한다.

(3) 신경계

한 개체로써의 균형 잡힌 생활을 위해서 다른 모든 계통의 기능을 조절하고 조정한다. 감각 기능, 운동 기능, 조정 기능, 자극 전도 기능을 한다.

(4) 순환계

혈관계, 임파계(연골, 각막, 피부의 표피층은 혈관이 없다), 영양분, 산소를 각 조직으로 운반 조직에서 생겨난 노폐물을 뼈나 신장으로 운반 하며 체내에서 생성된 호르몬 및 신진대사의 산물을 필요한 부위로 이동시킨다.

(5) 내분비선

분비함에 있어 분비관을 따로 가지고 있지 않고 직접 혈류, 속으로 분비물을 내보낸다. 마지막으로 반응할 수 있는 기관을 호르몬의 표적 기관이라고 부른다. 몸속의 다른 기관 또는 부위에 영향을 주며 기능을 조정하는 역할로 6종류의 확인된 분비선이 있다.

① **뇌하수체**: 성장 호르몬, 갑상선 자극 호르몬, 부신 피질 자극 호르몬, 난포 자극 호르몬, 황체 형성 호르몬, 유선 형성 호르몬, 멜라닌 세포 자극 호르몬이 있다.

② **갑상선**: 세포의 대사를 조절한다. 분비 저하시 피부는 차고 건조, 항진 시는 심장 및 호흡이 증가하고 피부는 따뜻하며 촉촉한 피부, 체중 감소와

함께 안구 돌출증을 일으킨다.

③ **부갑상선**: 칼슘 대사에 중요한 기능을 가진다.

④ **부신**: 피질은 중배엽, 수질은 외배엽에서 유래 되었다.

⑤ **피질**: 항진 시는 비만증, 혈압 상승, 안면 부종, 기능 저하 시는 수분 손실, 혈장 감소에 의한 소화 기관 이상 또는 혈압 저하.

⑥ **수질**: 교감 신경의 자극에 따라 방출된다.

⑦ **췌장**: 외분비선인 동시에 내분비선이다.

⑧ **고환**: 남성 성세포인 정자를 형성, 뇌하수체의 전엽에 의해 조절을 받는다.

⑨ **난소**: 여성 성세포를 형성, 배출, 난포와 황체 두 호르몬은 뇌하수체의 영향을 받는다.

(6) 배설계

신진대사의 산물인 노폐물을 체외로 배출시키는 통로로 소화기의 종말부인 항문 질소, 요소, 요산 등 수용성은 비뇨기 계통 및 피부 이산화탄소 같은 가스 상태는 호흡기 계통을 통해 배출(비뇨기는 단순한 배설 기관이 아니라 혈액종의 성분을 조절하는데 협력하는 수분, 염분, 당 등을 혈종의 양을 조절하기 위해 배출 억제)한다.

(7) 호흡계

자율 신경의 활동, 산소와 이산화탄소를 배출하며 가스 교환, 폐, 피부로 호흡한다.

(8) 소화기 계통

음식물을 물리적, 화학적으로 분해하여 영양분을 얻는다.

(9) 생식계

생식 기능을 수행하며 인류의 종종 보존을 가능하게 한다.

5) 골격계(skeletal system)

뼈대는 섬유 조직으로 단단하게 결합되어 있으며, 뼈의 1/3은 동물성 물질 2/3은 무기질로 구성되어 있다. 인체의 골격에는 206개의 뼈가 있다. 뼈대는 여러 가지 모양의 뼈가 움직일 수 있는 관절 또는 움직일 수 없는 관절로 연결되어져 있다.

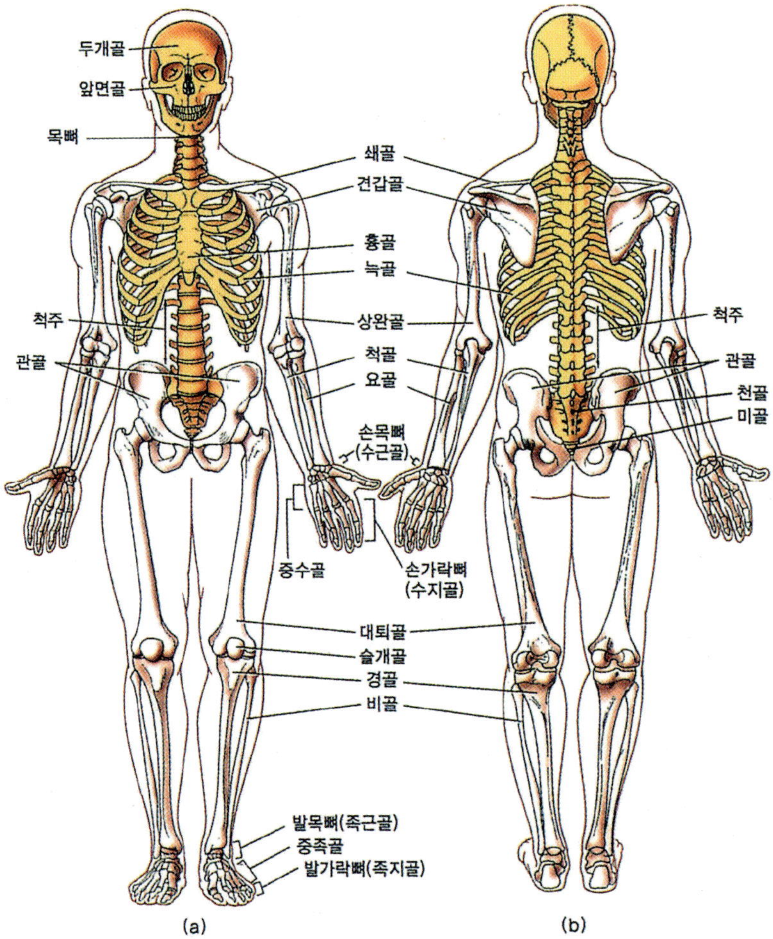

인체의 골격

(1) 골격계의 기능

지주 기능, 보호 기능, 운동 기능, 무기 물질의 저장, 조혈 기능이 있다.

(2) 골격의 구조

인체는 총 206개의 뼈로 구성되어 있다. → 두개골 23개(설골 포함), 척추골 26개, 상지골 64개, 하지골 62개, 늑골 24개, 이소골 6개, 흉골 1개

① 골격(skeleton)

㉮ 골의 분류

㉠ 장골: 길이가 긴 뼈를 말한다(대퇴골, 상환골, 요골, 척골, 비골, 경골).

㉡ 단골: 길이가 짧은 뼈를 말한다(수근골, 족근골).

㉢ 편평골: 납작한 뼈를 말한다(두개골, 견갑골, 늑골).

㉣ 불규칙골: 모양이 일정하지 않은 뼈를 말한다(척추, 관골).

㉤ 함기골: 공기를 함유하는 뼈를 말한다(상악골, 전두골, 사골, 접형골, 측두골), 두개골에서만 관찰된다.

㉥ 종자골: 씨앗 모양의 뼈로 슬개골은 인체 최대의 종자골이다.

② 체간 골격

㉮ 두개골: 15종 23개의 뼈로 구성되어 있으며, 봉합에 의한 관절임으로 운동성이 극히 제한적이다.

㉠ 뇌두개골(6종 8개): 뇌를 둘러싸고 있는 뼈로 뇌를 보호하는 역할이다. 전두골 1개, 두정골 2개, 측두골 2개, 후두골 1개, 접형골 1개, 사골 1개로 구성

ⓐ 전두골: 두개골 앞쪽을 구성하는 뼈로 이마, 안와, 비강의 상벽을 구성하며, 그중 안와는 안구를 수용하는 빈 공간으로 전두골, 상악골, 관골, 접형골, 사골, 누골, 구개골로 구성

ⓑ 두정골: 1쌍의 사각 모양의 편평골로 시상 봉합을 형성, 도출정맥이 통과하는 1쌍의 구정공이 존재

ⓒ 측두골: 청각과 평형 감각기가 있는 함기골

ⓓ 후두골: 마름 모형의 1개의 편형골로 척수가 통과하는 대공 존재

ⓔ 접형골: 나비 모양의 뼈, 터어키 안에 뇌하수체를 수용

ⓕ 사골: 함기골로 부비동인 사골동을 형성

㉯ 척추: 두개골과 골반을 연결하고 체간의 지주 역할을 담당하며 26개의 뼈로 구성된다. 경추 7개, 흉추 12개, 요추 5개, 천골 1개, 미골 1개로 구성되어 있다.

* 척추만곡: 옆에서 보면 성인의 경우 4개, 신생아는 2개가 존재한다.

㉠ 경추

ⓐ 7개의 뼈로 구성되어 있음

ⓑ 제1경추는 추체와 극돌기 없이 고리 형태로 '환추'라고 함.

ⓒ 제2경추는 '축추'라 하며 치돌기 존재

ⓓ 제7경추는 '융추'라 하며 목에서 쉽게 만져지고 추골을 세는 기준이 되는 뼈

㉡ 흉추

ⓐ 12개의 뼈로 구성

ⓑ 2곳에서 늑골과 관절(늑골와, 황돌늑골와)

ⓒ 11, 12번 흉추에는 늑골와는 있으나 황돌늑골와는 없음.

㉢ 요추

ⓐ 5개의 뼈로 무겁고 사이즈가 큼(체중을 받히고 있음).

ⓑ 뇌척수액 검사를 목적으로 실시하는 요추천자부위는 제3~4번 요추 사이로 지주막하강에서 실시

㉣ 천골

ⓐ 5개의 뼈가 1개로 융합된 역삼각형의 뼈

ⓑ 4개의 횡선과 4쌍의 천골공이 있음.

ⓒ 이상면이 존재: 골반 장골의 이상면과 관절하여 천장관절 이룸.

ⓓ 갑각: 제1천추가 앞으로 돌출되어 골방의 표지 역할

㉤ 미골

ⓐ 3~5개의 뼈가 1개의 뼈로 융합

ⓑ 일반적 추골 형태 갖추지 못함.

③ 체지골격

팔·다리를 구성하는 뼈이다.

㉮ 상지골(64개)

㉠ 상지대

ⓐ 쇄골: 가장 먼저 골화하는 S자 모양의 뼈로 흉골과 견갑골을 연결

- 흉골단: 흉골의 쇄골절흔과 관절
- 견봉단: 견갑골의 견봉과 관절

ⓑ 견갑골

- 제2～7 늑골 사이에 위치한 삼각형의 편평골
- 견봉: 쇄골의 견봉단과 관절
- 오훼돌기 관찰
- 관절강: 상완의 상완골두와 관절하여 견관절 이룸.

㉡ 상지골

ⓐ 상완골: 상지골 중에서 가장 긴 뼈로 해부경과 외과경이 관찰되며, 척골, 요골과 결합하여 주관절(팔관절)을 이룬다.

ⓑ 척골: 전완의 내측을 구성한다.

- 구상돌기: 상완골의 구돌와와 접함.
- 주두: 상완골의 주두와와 접함.
- 요골절흔: 요골두와 관절
- 활차절흔: 상완골의 주두와와 접함.

ⓒ 요골: 전완의 외측을 구성하는 뼈를 말한다.

ⓓ 수근골: 손목을 구성하는 8개의 뼈를 말한다.

- 근위수근골(4개): 주상골, 월상골, 삼각골, 두상골
- 원위수근골(4개): 대능형골, 소능형골, 유두골, 유구골

ⓔ 중수골: 손바닥을 이루는 5개의 뼈로 제1중수골이 가장 굵고 제2중수골이 가장 길다.

ⓕ 지골

- 손가락을 이루는 뼈로 기절골, 중절골, 말절골로 구성
- 엄지손가락(무지)만 중절골이 없음.

㉯ 하지골(62개)

㉠ 관골

ⓐ 장골, 좌골, 치골로 구성되며 좌우 관골이 존재하며 골반을 구

성한다.

ⓑ 좌골의 좌골 결절은 앉았을 때 체중을 받히는 곳이다.

ⓒ 관골구: 대퇴골두와 관절하여 고관절을 이룬다.

ⓓ 치골 결합: 좌우관골이 정중면에서 연결한다.

ⓔ 폐쇄공: 치골과 좌골 사이 섬유성막인 폐쇄막으로 덮여있다.

㉡ 하지골

ⓐ 대퇴골

- 인체에서 가장 크고 긴 뼈
- 고관절: 대퇴 골두와 관골의 관골구가 관절
- 슬개면: 슬개골 부착부위
- 내·외측과: 경골과 슬관절 형성

ⓑ 슬개골

- 대퇴사두근건 속의 인체 최대의 종자골로 삼각형의 편평골
- 대퇴골의 슬개면에 접하면 슬개 인대 부착 부위

ⓒ 경골

- 하퇴의 내측을 구성하는 뼈
- 경골 조면: 슬개인데 부착점
- 비골절흔과 내과(내측 복사뼈)

ⓓ 비골

- 하퇴의 외측을 구성하는 뼈
- 비골두와 경골이 관절
- 외과(외측 복사뼈)

ⓔ 족근골: 발목을 구성하는 7개의 뼈

- 근위족근골: 거골, 종골, 주상골
  - 거골: 족근골 중 가장 위에 위치, 거골 활차에 의해 경골 및 비골과 관절
  - 종골: 족근골 중 가장 크고 종골융기가 돌출되어 발뒤꿈치를 형성하는 뼈로 서있을 때 체중을 유지하는 곳으로, 아킬레스건(종골건) 부착부위
  - 주상골: 수근골에서도 관찰
- 원위족근골: 제1, 2, 3설상골, 입방골

ⓕ 종족골: 발바닥을 형성하는 5개의 뼈로 제1종족골은 제일 굵고 체중유지에 중요한 역할을 한다.

ⓖ 지골

TIP

족궁(foor arch)

- 발의 체중을 받쳐주고 보행이 원활하도록 만곡을 유지하는 것
- 1개의 횡궁과 2개의 족궁이 존재
- 편평족: 족궁이 없는 발로 보행에 장애를 유발

6) 관절계

관절은 2개 이상의 뼈가 기능적으로 서로 연결된 것으로, 운동을 원활하게 보조하거나 운동을 제한하는 역할을 한다. 관절은 다음과 같이 섬유성 관절과 연골성 관절로 분류된다.

(1) 섬유성 관절

① **봉합**: 두개골 관절

② **인대결합**: 두 뼈가 직접 결합하지 않고 교원섬유와 골간막으로 연결

예 경골, 비골의 인대결합

③ **정식**: 치아의 결합방식

(2) 연골성 관절

① **연골결합**: 초자연결로 연결, 흉골과 늑연골의 결합이 해당되며 운동성이 없다.

② **섬유연골결합**: 섬유연골로 연결, 치골결합과 추간원판이 이에 속하며 약간의 운동성이 있다.

7) 근육계(muscular system)

인체의 여러 가지 행동에 따라서 다양하게 움직이는 수축성 있는 섬유조직이다. 근육계는 골격과 신경계에 의해서 작용을 한다. 살아있다는 표시로 가장 뚜렷하게 밖에서 표시되는 것은 근육 운동이다. 골격을 감싸주고 모양을 만들어주고 골격을 지지해준다. 인체의 모든 운동작용이다. 500여개 크고 작은 근육으로 되어 있고 체중의 40～50%를 차지하고 있다.

(1) 근육계의 기능

신체의 능동적 운동, 자세유지, 체열생산, 호흡운동, 혈관의 수축에 의한 혈액순환, 소화관 운동, 배뇨, 배변활동이 있다.

(2) 근조직의 해부·생리학적 분류

구분	해부학적 측면	생리학적 측면
골격근	가로무늬근(횡문근)	수의근
심장근	가로무늬근(횡문근)	불수의근
평활근	민무늬근	불수의근

(3) 골격근의 구조 및 특징

- 체중의 약 40%를 차지하며, 근섬유와 결합조직으로 구성되어 있다.
- **마이오글로빈**: 근수축에 관여하는 단백질이다.
- **주동근**: 한 운동이 일어날 때 이 운동을 주도하는 근육이다.
- **협동근**: 한 운동을 일으킬 때 함께 작용하는 근육이다.
- **길항근**: 한 운동이 일어날 때 다른 근육과 반대로 작용하는 근육이다.

① 근섬유(근의 기본단위)

㉮ 근원섬유(myofibril): 근 필라멘트로 구성되어 있으며, 필라멘트는 마이오신, 액틴, 트로포마이신, 트로포닌 단백으로 구성되어 있다.

㉯ 근절: Z선에서 Z선까지이고 두 개의 수축성 단백질 액틴actin과 마이오신myosin을 단일 배열로 형성한다.

㉠ 마이오신 필라멘트: 굵은선에 해당하며, 마이오신 단백으로 구성되어 있다.

㉡ 액틴 필라멘트: 가는선에 해당하며, 액틴, 트로포마이오신, 트로포닌 단백으로 구성되어 있다.

② 근수축 시 근절의 변화

㉮ 각 필라멘트의 길이는 무변하다.

㉯ 근절(Z-Z 라인)의 길이가 짧아진다.

㉰ 1대(명대)의 길이가 짧아진다.

㉱ A대(암대)의 길이(마이오신의 길이)는 무변하다.

③ 안면근

㉮ 안륜근: 눈을 감는 데의 수축 작용을 한다.

㉯ 상안 검기근: 눈을 뜨는 데의 수축 작용 때 전두근을 도와 준다.

㉰ 비중거하체근: 외비공을 넓힐 때 작은 두 근육을 관여 한다.

㉱ 비근근: 수축함으로써 콧등에 주름을 짓게 한다.

㉲ 추미근: 양측 눈썹의 내측단을 가까이 모이게 하며 동시에 이마에 세로의 주름을 잡게 한다. 안륜근 위 내측에 있다.

㉳ 입주위 근육: 대관골근, 소관골근, 상순거근, 상순비익거근, 구각거근, 구각하체근, 하순하체근, 소근이 있다.

㉴ 이근: 턱의 주름을 짓게 하거나 아래 입술을 앞으로 내밀게 하는 표정근이 있다.

㉵ 구륜근: 입을 다무는 작용을 한다.

㉶ 협근: 음식을 씹을 때 이와 혀 사이에 음식물이 유지되도록 하는 기능을 한다.

④ 목의 근육

㉮ 활경근: 목의 굴곡작용을 하며, 가슴, 어깨, 턱쪽으로 뻗어있다.

㉯ 흉쇄유돌근(목 끝~쇄골): 목의 굴곡 작용 및 목을 상, 하, 좌, 우로 움직일 때 사용한다.

⑤ 등, 어깨, 팔, 손의 근육

㉮ 승모근: 등, 어깨에 분포해 있다.

㉯ 광배근: 목 뒤, 등쪽에서 중간부분으로 팔을 휘두를 때 쓰인다.

㉰ 삼각근: 팔을 올리거나 돌릴 때 쓰인다.

㉱ 이두근: 윗팔 앞부분에 있으며, 팔꿈치를 굽힐 때와 손바닥을 아래로 돌릴 때 쓰인다.

㉲ 삼두근: 윗팔 뒤쪽에 있으며 팔을 펼 때 쓰인다.

㉳ 굴근: 손목을 구부리고 손가락을 모으게 한다.

㉴ 신근: 손가락을 펴게 할 때 쓰인다.

8) 신경계(nervous system)

신체 계통의 기능을 조절하며 기능을 조화롭고 효과적으로 해준다.

(1) 뇌척수 신경계

① 외식과 모든 정신활동을 조절한다.

② 시각, 후각, 미각, 감각, 청각과 같은 오감의 자발적인 기능을 조절한다.

③ 모든 신체운동과 안면표정 같은 자발적인 근육작용 즉 수의 조절한다.

(2) 말초신경계

뇌와 척수에서 뻗어나가 신체의 모든 부분에 분포된다. 메시지를 중추 신경계에 전달해주고 중추신경계의 메시지를 신체에 전달한다.

TIP

1. 신경의 종류

- 지각신경: 지각기관에서 뇌로 전달(피부표면에 분포)
- 운동신경: 뇌에서 근육으로 자극을 전달(근육)
  지각신경 - 뇌 - 운동신경 - 근육운동
- 반사신경: 자극에 대한 반응
  뇌 - 전기 메시지를 보내고 받는 중앙발전소
- 척수: 신경섬유는 척수에 의해서 감싸지고 보호된다.

2. 신경의 피로

지나친 정신적, 근육적 과로에 의해서 노폐물이 축적되어 생긴다. 피로, 신경과민, 나쁜 피부색, 흐린 눈빛 등이 신경의 지친 징후이다. 신경에너지공급은 영양, 운동, 산소에 의하고 휴식과 편안함은 신경에너지를 재생하기 위해서 절대적으로 필요하다.

3. 영양

혈관과 임파선을 통하여 영양공급을 한다.

4. 신경자극

- 화학약품: 산, 염
- 전류: 고주파전류
- 열선: 히팅램프
- 마사지: 손, 기계
- 빛의 조사: 적외선
- 습열: 스티머, 주온의 스팀타월

(3) 교감 신경계

구조적으로는 뇌, 척수(중추)신경계와 관련이 있지만 그 기능은 의지에 따라 독립되어 있다. (자율신경계, 부교감신경)내부의 장기를 균형, 조절하여 제 기능을 다하도록 한다.

① **신경세포:** 신경세포체: 신경돌기를 위한 에너지와 영양을 저장한다.

② **신경돌기:** 신체를 지나는 신경자극을 전달해 주며 지각성 전도로와 운동성 전도로로 구성되어 있다.

9) 순환계(circulatory system)

순환계는 심장 혈관계와 림프계를 합하여 일컫는 말이며 건강을 유지하는데 아주 중요하다. 순환이 원활하면 피부, 모발 손톱, 전신의 미용에 도움이 된다. 심장과 혈관에 의해서 혈액이 계속 인체를 순환하도록 조절한다.

(1) 혈액순환계

① **심장**: 심장은 근육으로 된 펌프로서 혈액의 순환작용을 일컫는 말이며 혈액이 순환계 내에서 계속 움직이게 만든다. 심장박동은 1분에 72~80번이다. 4개의 방과 4개의 판막으로 되어 있다. 판막은 혈액이 한 방향으로만 흐르도록 해준다.

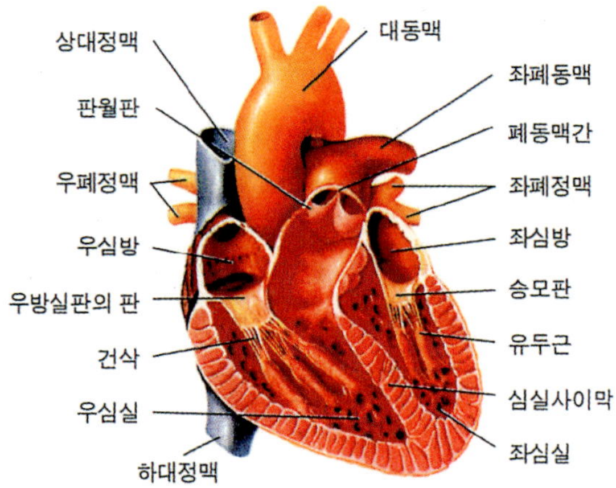

심장

② **혈관**: 동맥, 모세 혈관, 정맥, 혈관은 혈액을 심장에서 인체의 여러 조직으로, 인체조직에서 심장으로 운반해준다. 모세 혈관벽을 통해서 조직은 영양분을 받아들이고 노폐물을 제거한다. 정맥은 동맥보다, 피부 쪽에 가깝게 있고 여러 모세 혈관으로부터 탁해진 혈액을 받아서 심장으로 운반해 주며 컵 모양의 판막이 있어서 혈액이 역류하는 것을 막아준다.

③ **혈액**: 영향을 공급해주는 액체이다. 정상온도인 섭씨 37도를 유지하고 약간염분기가 있고 끈적거리며, 체중의 1/12를 차지하고 있다. 3.2~4리터

가 성인의 혈관에 들어있다.

TIP

1. 혈액의 중요한 기능

- 수분, 산소, 영양분, 호르몬, 등을 인체의 모든 세포에 운반
- 폐, 피부, 신장, 큰 창자 등을 통해서 이산화탄소와 노폐물이 제거되도록 운반한다.
- 체온을 조절해 줌으로써 심한더위와 추위에서 인체를 보호한다.
- 백혈구의 식균작용에 의해서 세균의 침입으로부터 보호해 준다.
- 혈액을 응고시켜 손상된 혈관을 막아주고 혈액의 소실을 막아준다.

2. 임파순환계

정맥을 도와주는 역할을 한다. 무색의 액체로써 임파계를 통해서 순화되고 조직액으로부터 주로 침투되어서 유도된다. 이물질이 정맥으로 가기 전에 임파절을 통해서 여과되고 혈액으로 들어간다.
임파는 혈액에서 세포로 영양분을 운반해주고 세포로부터 노폐물을 제거해준다. 주요한 기능은 세균과 이 물질을 제거하고 백혈구의 일부를 구성하고 있는 임파구를 생성하고 감염에 대항하기 위해서 항체를 생성하는 것이다(편도선은 임파조직의 예).

- 세포 1/3(적혈구, 백혈구, 혈소판)
  - 적혈구: 세포에 산소공급을 한다.
  - 백혈구: 세균이 일으키는 질병을 치유하는 기능을 가지고 있다.
  - 혈소판: 적혈구보다 작다. 상처혈액의 응고에 중요한 역할을 담당한다.
- 혈장 2/3: 혈장의 9/10은 수분이고 색깔은 밀짚의 색과 같다. 영양분과 호르몬 등을 세포에 운반해주고 이산화탄소를 세포로 받아서 운반해준다. 혈액의 정상온도는 36.5°C 이다.

10) 배설계(excretory system)

노폐물을 제거해서 인체를 정화시킨다.

① **신장**: 소변을 배설한다.

② **간**: 담즙을 방출한다.

③ **피부**: 땀을 발산시킨다.

④ **큰 창자**: 분해된 찌꺼기나 소화되지 않은 음식을 배설시킨다.

⑤ **폐**: 이산화탄소를 토해낸다.

* 배설되지 않으면 세포에서 일어나는 신진대사로 인해서 해를 주는 여러 가지 독성 물질이 만들어진다.

11) 호흡계(respiratiry system)

산소는 식품을 에너지로 바꾸는데 필요하다. 사람이 식품을 먹지 않고 60일 이상 살수 있지만 물은 며칠 숨은 몇 분 쉬지 않으면 죽게 된다. 근육활동과 에너지 소비량의 증가는 인체 내의 산소 필요량을 증가시킨다. 복식호흡은 가스교환이 가장 많이 일어나는 건강 호흡법이다.

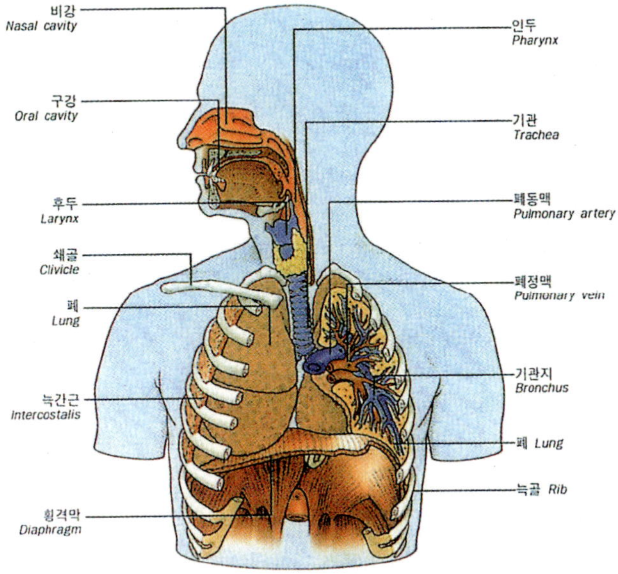

호흡계

12) 소화계(didestives system)

음식물을 인체세포에 의해서 이용될 수 있는 수용성의 형태로 바꾸어준다. 음식의 완전한 소화과정은 약 6시간이 걸린다. 소화효소는 음식을 인체에서 이용할 수 있는 형태로 변화시켜주는 화학물질이다.

TIP

소화와 피부

- 소화기능이 좋고 나쁜 것은 피부의 겉모양에도 나타난다.
- 체중이 심하게 감소되면 피부에 주름이 늘어질 수 있다.
- 지나친 흡연, 음주도 피부에 나쁜 영향을 주며 소화기의 이상을 가져올 수 있다.
- 피로, 나쁜 배변, 감정의 기복, 흥분, 분노, 스트레스도 소화불량을 일으키며 피부 트러블도 일으킬 수 있다.

13) 손, 발 해부학

(1) 손의 골격

손의 골격은 수근골(손목뼈/carpal bone), 중수골(손바닥뼈/rhetacarpal bone), 수지골(손가락뼈/phalangen)로 구성되어 있다.

① 수근골(carpal bone)

- 손목뼈 (Carpal bone)
  - 근위손목뼈 (Proximal carpal bone)
    - 손백골 (Scaphoid bone/주상골)
    - 반달골 (Lunate bone/윈상골)
    - 삼각골 (Triangular bone)
    - 콩알골 (Pisiform bone/두상골)
  - 원위손목뼈 (Distal carpal bone)
    - 큰마름골 (Trapeziun bone/대능형골)
    - 작은 마름골 (Trapezoid bone/소능형골)
    - 머리골 (Capitate bone/유두골)
    - 갈고리골 (Hamate bone/유구골)

② 중수골(metacapan bone)

손바닥뼈는 5개의 뼈로서 요골 쪽으로부터 첫째, 둘째, 셋째, 넷째, 다섯째 손바닥뼈라고 하고 근육 쪽을 바닥 base, 몸통 body, 원위 쪽으로부터 머리 head라고 명칭하며 첫째손바닥 뼈가 가장 짧고 둘째손바닥 뼈가 가장 길다.

③ 수지골(phalanges)

손가락을 이루는 뼈로서 엄지만 두개의 마디이고 나머지는 세 개의 마디를 이루면서 근위 쪽을 첫마디 뼈(proximal phalanx/기절), 중간마디 뼈(midle phalanx/중절), 원위 쪽을 끝마디 뼈(distal phalanx/말절)라고 한다. 끝마디 뼈의 등면에 소톱이 있다. 손가락(finger)의 명칭은 엄지손가락(thumb), 검지손가락(index finger), 가운데손가락(midle finger), 반지손가락(ring finger), 새끼손가락(little finger)이라고 한다.

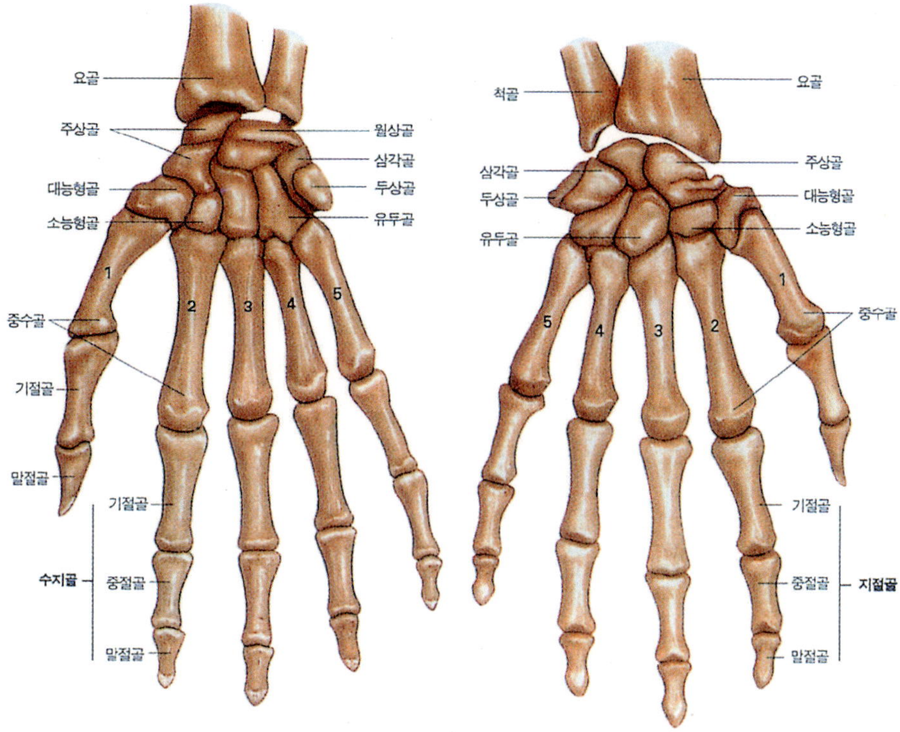

손의 골격

(2) 손의 근육

손바닥에는 손가락의 운동에 관여하는 여러 근육이 있으며 이들 근육은 척골신경 또는 정중신경의 지배를 받는다. 무지측의 팽대부를 만드는 무지구근군, 소지측의 팽대부를 만드는 소지구근군 및 그 사이의 골짜기를 주행하는 중수근군 등이 있다.

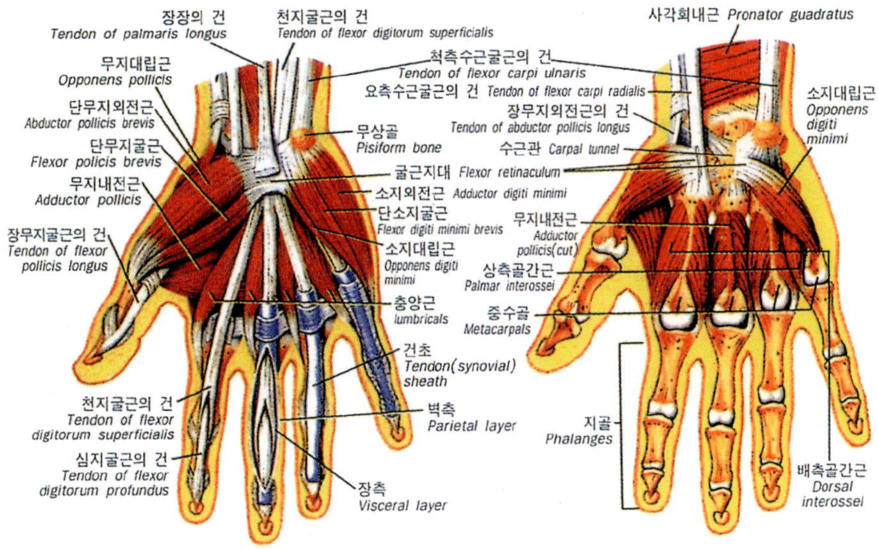

손의 근육

① 무지구근(thenar muscles/ 엄지구덩근)

- 짧은 엄지 외향근(abductor pollicosbrivis/단무지외전근): 손배골, 굽힘근지지띠에서 지시하여 엄지 첫째마디뼈 바닥에 부착한다. 엄지손가락의 외향에 관여하여 정중신경의 지배를 받는다.
- 엄지 대립근(opponens pollicis/무지대립군): 큰 마름모골, 굽힘근지지띠에서 지시하여 첫째 손바닥뼈의 요골쪽 모서리에 부착한다. 엄지손가락을 새끼손가락 쪽으로 향하게 하는 운동을 하여 정중신경의 지배를 받는다.
- 짧은 엄지굽힘근(flexor pollicis brevis/단무지굴근): 큰 마름모골, 굽힘지지띠에서 지시하여 엄지의 첫째마디뼈 바닥에 부착한다. 엄지의 첫마디를 굽히게하여 정중신경의 지배를 받는다.

② 소지구근(hypothenar muscles/새끼손가락두덩근)

- 새끼손가락 외향근(abductor digiti minimi): 콩알골, 굽힘기기띠에서 지시하여 새끼손가락 첫 마디뼈 바닥에 부착한다. 새끼손가락의 외향에 관하여 척골신경의 지배를 받는다.
- 짧은 새끼손가락 굽힌근(flexor digiti minimi): 갈고리골, 굽힘근 지지띠에 지시하여 새끼손가락 첫 마디뼈 바닥에 부착한다. 새끼손가락의 굽힘에 관여하여 척골신경의 지배를 받는다.
- 새끼손가락 대립군(opponens digiti minimi): 갈고리골, 굽힘근지지띠에서 지시하여 다섯 번째 손가락뼈 척골 쪽 모서리에 부착한다. 엄지대립근과 협력하여 물

건을 잡을 때 사용하도록 새끼손가락을 엄지 쪽으로 당겨 붙이는 작용을 하여 척골신경의 지배를 받는다.

* 손바닥근(intermediatemusles): 손바닥근은 벌레모양근, 바닥쪽 뼈사이근, 등쪽 뼈사이근이 있으며 벌레모양근은 4개, 바닥쪽 뼈사이근 3개 그리고 등쪽 뼈사이근 4개가 있으며 이들의 작용은 손가락의 펴짐과 외향에 관여한다. 벌레모양은 정중신경과 척골신경의 지배를 받으며 바닥쪽, 등쪽뼈사이근은 척골신경의 지배를 받는다.

(3) 발의 골격

발의 골격은 손의 골격과 유사하지만 서로 다른 기능을 갖고 있다. 손은 섬세한 운동을 할 수 있는 반면 발의 체중을 지탱하고 운동을 할 수 있는 기능을 갖고 있다. 또한 발의 근육은 손의 근육보다 커서 족궁을 형성한다.

발의 골격은 족근골(tarsalbone), 중족골(tatarsal), 지골(phalangen)로 구성된다.

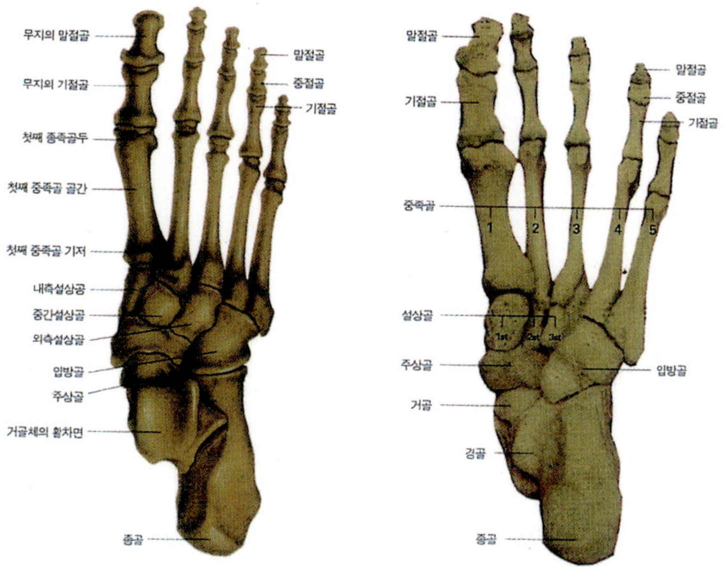

발의 골격

① 발목뼈(tarsal bone/족근골)

발목을 구성하는 7개의 뼈로서 근위열과 원위열로 2줄로 배열되어 운동의 다양성보다는 무게 지탱에 관여하며 배열상태는 아래와 같다.

- 발목뼈 (Tarsal Bone)
  - 근위발목뼈 (Proximal Tarsal Bone)
    - 목말골 (Talus/목발뼈)
    - 발굽골(Alcaneus heel bone)
    - 발배골(Navicular/주상골)
  - 원위발목뼈 (Distal Tarsal Bone)
    - 내측쐐기골 (Medial Cuneform Bone)
    - 중간쐐기골 (Intermedid Cuneform Bone)
    - 외측쐐기골 (Lateral Cunerform Bone)
    - 입방골 (Cuboid Bone)

거골(목말뼈)은 종골(발꿈치뼈)위에 얹혀져 있고 거골활차가 있어 경골과 비골에 관절 한다. 족근골 중 제일 큰 종골에는 거골을 떠받들고 있는 재거돌기(목말받침돌기)가 있고, 뒤끝은 종골융기(발꿈치 뼈융기)가 돌출되어 발뒤꿈치를 형성하는데 이곳에 아킬레스건이 부착된다. 원위 발목뼈인 안쪽 중간, 바깥쪽쐐기골은 각각 첫째, 둘째, 셋째 발바닥뼈와 관절하여 입방골은 넷째, 다섯째 발바닥뼈와 관절한다.

② 중족골(tatarsal bone)

발목뼈와 발가락 뼈 사이에 발바닥을 형성하는 길쭉한 5개의 뼈로서 안쪽에서부터 첫째, 둘째, 다섯째 중족골이라 부른다.

중족골은 첫 번째가 제일 굵고 두 번째가 중족골이 가장 길다. 각중족골은 두부, 체부, 저부로 구성되며 두부는 족지골(발가락뼈)과 관절로 연결되고 저부는 원위별 족근골(발목뼈)과 관절로 연결된다. 다섯째 중족골의 저부에는 돌기가 튀어나와 있어 피부 아래로 잘 만져진다.

③ 족지골

발가락을 구성하는 발가락뼈는 엄지발가락(무지)에 2개 나머지 발가락에는 3개씩으로 모두 14개 발끝으로부터 말절골, 중절골, 및 기절골로 이어지며 말절골의 끝단에는 발톱이 부착하는 거친면(조면)이 있고 기절골은 중족골(발허리뼈)의 두부와 관절로 연결된다. 다양한 운동보다는 체중을 유지해야 하기 때문에 발가락 뼈들은 손가락 뼈에 비하여 굵고 길이가 짧다.

(4) 발의 근육(musles of the foot)

발의 근육은 발등보다 발바닥이 더 발달되었으며 발가락의 운동에 관여하여 있다. 사람의 발은 걷는데 알맞게 되어 있기 때문에 발가락의 운동에는 제한을 받는다. 한편 발바닥궁을 유지시키는 역할도 한다. 발의 근육은 발등근육무리와 발바닥 근육무리로 나뉘어 진다. 발등근육 무리는 깊은 비골 신경의 지배를 받고 발바닥 근육 무리는 경골신경의 지배를 받는다.

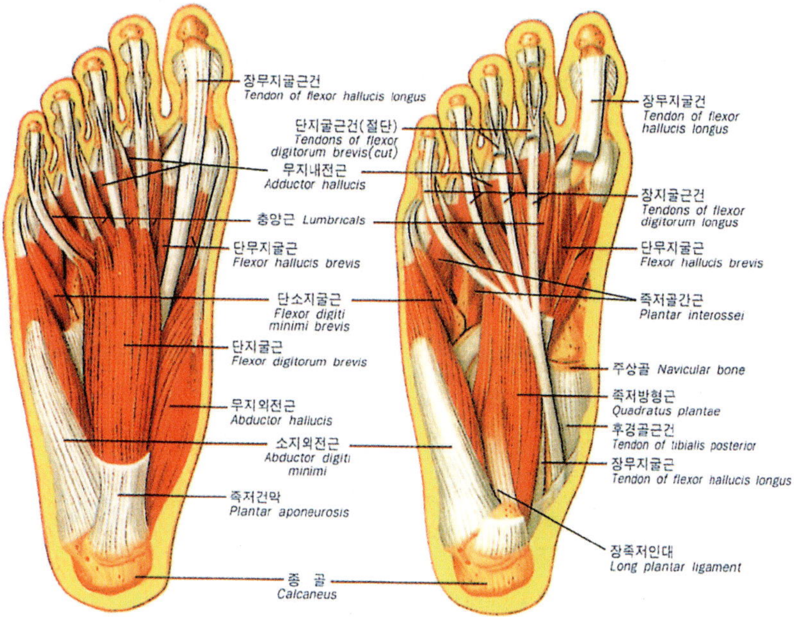

발의 근육

① 족배근(dorsal muscles/발등 근육무리)

발등 근육무리는 짧은 엄지 펴짐근extensor hallucisbrevis과 짧은 발가락 펴짐근extensor digitorum brevis으로 구분한다.

* 짧은 엄지 펴짐근(extensor hallucisbrevis): 발굽골 안쪽에 위치하며 엄지 첫마디뼈이다. 깊은 비골신경을 지배.
* 짧은 발가락 펴짐근(extensor digitorum brevis): 발굽골 안쪽에 위치하며 2~4발가락 첫 마디뼈. 깊은 비골신경을 지배.

② 족천근(planter muscles/발바닥 근육무리)

발바닥을 이루는 9개의 근으로서 무지쪽의 내측 족저근(무지외전근, 단무지굴근, 무지내전근) 가운데의 중앙 족저근(단지굴근, 족저방형근, 충양근, 척측골간근, 배측골간극) 및 소지쪽의 외측족저근(소지외전근, 단소지굴근)으로 구성된다.

6

피부학

1) 피부의 구조 및 부속기관

(1) 피부의 정의

① 피부는 외배엽에서 유래되어 신체의 바깥에 위치한 가장 큰 인체장기관으로 신체를 보호하고 유지한다.

② 피부는 수분 70%, 단백질 27%, 지방 2%, 무기질(미네랄) 0.5%를 함유하고 있으며 중량은 체중의 약 16%를 차지한다.

③ 피부표면은 소릉과 소구로 구성되어 있으며 소릉에는 한공이 있고, 소구와 소구가 만나는 곳에 모공이 존재하며 외층인 표피와 그 밑에 위치한 진피, 피하조직으로 구성된다.

(2) 피부의 구조

피부는 신체의 표면을 덮고 있는 하나의 조직으로 여러 가지 외부 환경의 자극으로부터 신체를 보호해주는 역할을 한다.

피부의 구조는 표피epidemis, 진피dermis, 피하조직subcutanous fat tissue의 3층 구조로 되어있다.

① 표피(epidermis)

표피는 피부의 가장 외부에 위치하고 있으며 표면으로부터 각질층, 투명층, 과립층, 유극층, 기저층의 5개의 세포층으로 이루어져 있다.

피부의 총면적은 약 1.6~1.8m2이며 피부 무게는 약 16~20%(성인 기준), 피부의 두께는 0.1~4.0mm(부위별 편차가 다름)이다.

표피는 케라티노사이트keratinocyte와 멜라닌 색소를 만드는 멜라노사이트malanocyte가 기저층에 존재한다. 기저층에서 생성된 케라티노사이트가 세포 분열에 의해 세포의 모양이 점차로 변형되면서 세포 내의 수분이 감소되어 피부 표면 쪽으로 밀려 올라가 최후에는 각질세포가 되어 탈락되는 과정이 일생동안 반복되는 것이다. 표피의 이러한 작용을 각화 작용keratinzation이라 하며 표피의 생리 작용 중 가장 대표적인 기능이라 할 수 있다. 또한 표피에는 케라티노사이트와 멜라노사이트 외 특수한 기능을 수행하는 기능세포로 랑거한스세포langerhans cell와 메켈세포merkel cell가 존재한다.

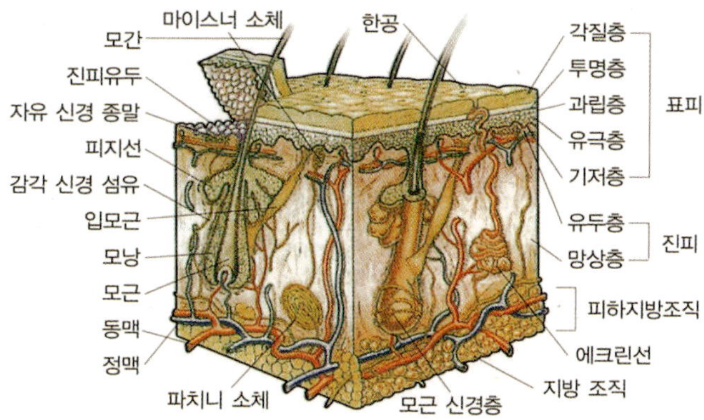

피부의 단면도

㉮ 표피의 구조

㉠ 각질층(stratum corneum) 무핵: 각질층은 피부의 최상층에 위치해 10~20겹층의 회백색 조각이 고기비늘 모양으로 보여 비늘층이라고도 부른다. 각질층은 케라틴단백질 50%, 지방 20%, 수분 15%, 수용성물질 등으로 구성되어 있으며 pH 4.5~5.6 정도의 약산성을 유지하고 있다. 이 각질층은 무핵세포로써 세포 분열은 하

지 않으나 피부의 수분 증발과 불필요한 물질의 침투와 미생물의 번식을 억제하여 피부를 세균 등으로부터 보호하는 실질적으로 인체방어 기전 중 가장 중요한 피부층이라 할 수 있다.

ⓛ 투명층(stratum lucidum) 무핵: 빛을 통과할 수 있고 생명력이 없으며 무핵의 투명한 세포로서 편평한 세포가 2~3개의 층으로 구성되어 있다. 투명층은 손바닥과 발바닥에 존재하며 피부층의 두꺼운 부위에 분포하고 있다. 투명층에는 엘라이딘elaidin이라는 반유동성물질이 함유되어 밝고 투명하게 보이며 빛을 굴절시켜 빛을 차단하며 수분 침투를 방지하고 피부를 윤기 있게 해준다. 모든 피부에 존재하나 얇은 피부에서는 식별이 쉽지 않고 손바닥, 발바닥과 같은 두꺼운 피부에서 뚜렷이 관찰된다.

ⓒ 과립층(stratum granulosum) 무핵: 과립층은 세포의 원형질 중에 수 많은 케리토히알린keratohyalin이 포함된 케라토히알린층으로 실제로 각질화 작용이 시작되는 피부층이다. 과립층은 유극층에서 이행되어온 과립세포로 평형, 방추형세포 형태의 집단으로 2~5층으로 구성되어 있으며 손, 발바닥처럼 각질층이 두꺼운 부위에는 10층까지도 발견된다. 과립층과 유극층 사이에는 레인방어막reinmembrane, barrier membrane이라는 수분저지막이 있어 방벽 역할을 훌륭하게 수행하고 있다.

ⓔ 유극층(stratum spinosum ; prickle layer, 가시층) 유핵: 유극층은 표피의 5개층 중 가장 두꺼운 층으로 기저층과 함께 세포 분열을 하므로 피부각화 과정의 시작과 진행에 아주 중요한 역할을 담당하고 있다. 유극층의 세포는 표면에 섬세한 돌기가 가시 모양을 하고 있어서 가시층이라고도 한다. 이 가시세포 사이사이에는 림프관이 순환하고 있어 혈관이 없는 표피에 영양 공급을 하고 노폐물을 제거하는 등 피부세포의 피로 회복 및 미용상 관계가 아주 깊은 피부층이다. 유극층은 기저층과 함께 말피기세포에 속한다.

ⓜ 기저층(stratum basals) 유핵: 표피의 5개층에서 가장 심층부에 존재하는 기저층은 진피와의 경계선에 위치하며 사각형 또는 입방형의 기저세포가 단층으로 배열되어 있다. 기저층은 유핵세포로 '종자층', '배아층'이라고도 칭하며 피부세포인 각질 형성 세포(keratinocyte, 케라

티노사이트), 색소 형성 세포인(malanocyte, 멜라노사이트)가 기저세포 사이사이에 분포하여 피부색을 만들고 자외선으로부터 피부를 보호하는 역할을 하며 진피의 혈관과 림프관을 통해 확산 작용으로 영양 공급을 받는다. 기저층의 수분함량은 60~70% 정도이고 산도는 pH 7.2이다. 이곳에서 새로 만들어진 살아있는 세포가 각질층에서 떨어져 나갈 때까지 28일 정도 소요된다.

㉯ 표피의 구성 섬유질

㉠ 케라티노사이트(각질형성세포)

ⓐ 기저층에서 세포 분열에 의해 생성되어 각질을 형성하는 세포이다.

ⓑ 재생주기는 약 28일 정도로 표피의 약 80~90% 정도를 구성하는 케라틴keratin 단백질로부터 생겨난다.

ⓒ 케라틴keratin은 방수작용과 더불어 피부를 보호하는 작용을 한다.

㉡ 멜라노사이트(색소형성세포)

ⓐ 세포돌기를 통해 각질형성세포와 접촉하여 전달한다.

ⓑ 주로 기저층에 존재하며 멜라닌 색소를 생성하고 자외선으로부터 피부를 보호하는 역할을 한다.

ⓒ 표피의 약 5%를 차지한다.

㉢ 랑게르한스세포

ⓐ 가시돌기를 가지고 있으며 대부분 유극층에 존재한다.

ⓑ 피부면역에 관여하고 있어 피부의 이물질을 림프구(면역당랑세포)로 전달한다.

㉣ 메켈세포(촉각세포)

ⓐ 기저층에 위치하며 촉각을 감지하는 지각세포(촉각세포)이다.

ⓑ 불규칙한 모양의 핵이 존재하며 신경자극을 뇌에 전달하는 역할을 한다.

ⓒ 손, 발, 입술 등 모발이 없는 피부에서 주로 발견된다.

* 피부의 색은 멜라닌 색소의 양과 종류, 혼합에 의해 결정된다.

② **진피(dermis)**: 진피dermis는 피부의 대부분을 형성하는 진짜피부로써 중배엽에서 탄생되었다. 진피의 평균두께 2~3mm, 표피에 비해 20~40배

정도 두꺼우며 유두층papillary layer과 망상층reticular layer으로 구분되어 있다.

진피의 주요 구성물질은 섬유아세포fibroblast에서 생성된 콜라겐collagen과 탄력섬유인 엘라스틴elastic의 망상구조와 결합섬유 사이사이를 매우고 있는 기질groumnd substance로 짜여져 있어 피부의 탄력과 부드러움을 유지시킨다.

진피에는 이러한 피부조직 외에도 피부의 부속기관인 혈관, 신경, 림프관, 입모근, 피지선, 한선 등과 섬유아세포fibroblast, 대식세포macropnage, 비만세포mast cell와 함께 피부의 생리 기능을 담당하고 있다.

㉮ 진피의 분류

㉠ 유두층(papillary layer): 진피의 유두층은 표피융기epidermal lodges 사이사이에서 표피 속으로 진피부분이 손가락과 같은 작은 돌기물이 돌출되어 있는데 이 부분을 진피유두dermal papill라 하며 진피 상층을 유두상층, 유두 아래쪽을 유두하층이라 한다. 유두층은 수분 함유량이 높고 모세 혈관이 많이 분포되어 있어 혈관이 없는 표피층에 영양 공급 및 노폐물 배출을 돕는다. 유두층에는 감각세포인 촉각과 통각이 위치하고 있다.

㉡ 망상층(reticular layer): 망상층은 그물 모양의 결합조직으로 아교성분으로 된 교원섬유collaghen fibers, 콜라겐collagen과 탄력섬유인 엘라스틴elastin이 유두융기 아래에 있는 단단하고 불규칙한 결합조직으로 교원섬유와 탄력섬유가 매우 치밀하게 결합되어 있으며 약 85% 정도가 교원섬유가 차지하고 그 섬유 사이를 기질matrix이 메우고 있다. 망상층에 위치한 감각기관으로 압각pressure sensation, 냉각krause's corpuscles, 온각ruffini's corpuscles과 혈관, 림프관, 신경, 땀샘 등이 복잡하게 분포되어 있다.

㉯ 진피의 구성 섬유물질

㉠ 콜라겐(교원섬유, collagen fiber, white fiber): 진피 성분의 90%를 차지하는 섬유 단백질로 섬유아세포에서 만들어지며 피부의 결합조직을 구성하는 주요 성분이다. 교원섬유에 속하는 콜라겐collagen은 동물의 체내에 존재하는 단백질 성분이다. 콜라겐은 진피의 섬유아세포fibroblast에서 생성되었으며 가열하면 젤라틴gelatin

과 같은 성분으로 변하기 때문에 아교섬유라고도 한다. 콜라겐의 특징은 탄력성은 적으나 피부의 건강과 주름을 예방해주는 수분보유원이며 자외선과 화학적 작용, 면역기능 향상 등 외부 자극에 대한 저항력이 매우 강하다.

㉡ 엘라스틴(탄력섬유, elastic fiber, yellow fiber): 탄력섬유는 불용성 단백질로서 교원섬유에 비해 섬유질이 짧고 가늘어 섬유 성분으로 탄력성과 팽창성이 매우 크다. 엘라스틴elastic은 마치 고무 성분과 같아서 피부를 잡아당겼을 때 1.5배 까지 늘어나며 원상태로 돌아가는 탄력성이 매우 우수하다. 진피세포 내에 탄력섬유는 5% 정도이나 인대나 관절 등의 지지세포에는 75% 정도를 차지하며 심장 근육세포에도 다량 존재한다. 엘라스틴은 콜라겐과는 달리 무정형으로 가열해도 젤라틴으로 변성되지 않고 여러 화학물질에 대한 저항력이 강하다. 그러나 과도하게 팽창이 되면 피부는 트게 되는데 이를 팽창선조라 하고 유방, 복부, 둔부, 대퇴부 등에 주로 나타난다. 인체 노화가 진행됨에 따라 탄력섬유의 탄력성elstin의 파괴로 수화 능력과 탄력성이 감소되어 피부 위축과 주름 발생이 가속화된다.

㉢ 무코폴리시카라이드(기질, ground substance): 진피의 콜라겐과 엘라스틴 섬유의 조직 사이에 무정형 젤 상태의 물질인 무코다당류mocopoly sucharide의 고중합체로 대표적인 성분이 히알루론산hyaluronic acid이며 콘드로이친 황산chondroitin sulfat, 글리코사미노글리칸glycosaminoglycans 등이 진피기질 성분으로 구성되어 있다. 히알루론산은 자기 무게의 몇 백배에 해당하는 수분 보유 능력을 가지고 있어 대표적인 보습 화장품의 주원료로 사용되고 있다.

* 진피의 세포
- 섬유아세포
- 대식세포
- 비만세포

㉰ 피하조직(adepose cell, subcutaneous tissue): 피하조직의 지방세포는 포도송이 모양의 둥근 황색으로 피하조직에 산재해 있으며 중배엽에서 탄생되었다. 피하조직의 두께는 평균 6.5mm, 복부 약 3cm 이상

이며 음경, 음낭, 눈꺼풀 등의 피부 밑 조직에는 지방층이 존재하지 않는다. 피하조직층에는 지방세포 또는 지방조직이 잘 발달되어 있는데 조직의 분포 및 두께는 신체의 영양 상태, 부위, 성별 및 연령에 따라 매우 다양하다. 피하조직층의 주요기능은 영양소의 저장 역할로 잉여 지방을 저장하여 필요시 에너지를 발생시키고 열 발산을 막아 체온을 일정하게 유지하며 인체의 수분을 조절하여 피부의 탄력성을 증가시키고 외부 충격을 흡수하여 내부 기관들을 보호하는 중요하는 역할을 수행한다. 이외에도 피하지방층은 여성 호르몬의 전달 기능과 여성의 곡선미를 창출한다.

(3) 피부의 부속기관

피부의 부속기관에는 피지선, 에크린 한선, 아포크린 한선, 모발, 손톱 등으로 구성되어 있으며, 이들은 각기 다른 작용을 한다.

① **피지선(sebaceous gland)**: 피지선은 망상층에 존재하고 있으며, 모공을 통해 피지를 분비하는 기능을 한다.

피지선은 약 60% 이상이 트리글리세라이드라는 성분으로 구성되어 있으며, 지방효소에 의해 글리세라이드로 분해된다.

피지선은 피부 표면에 있는 얇은 피지막을 형성시켜 피부를 유연하게 하고 피부를 외부의 환경과 요소들로부터 보호해주는 작용을 한다.

피지선은 가슴, 두피, 얼굴의 콧등과 이마에 많이 분포되어 있으며 모든 피부에 존재한다. 하지만 손바닥과 발바닥에는 존재하지 않는다.

② **에크린 한선(eccrine sweat gland, 소한선)**: 에크린 한선은 땀을 분비하는 기능을 말하며, 겨드랑이, 손바닥, 발바닥에 집중적으로 분포되어 있다. 그리고 에크린 한선은 체온조절 및 신체의 과열을 방지하는 기능을 가지고 있다.

③ **아포크린 한선(apocrine sweat gland, 대한선)**: 아포크린 한선은 피부에 존재하는 다른 한선으로 진피의 깊숙한 곳에서 시작되며, 에크린 한선에 비해 단백질이 많고 특유의 냄새를 지니고 있다.

아포크린 한선은 사춘기 이후부터 왕성한 활동을 시작하게 되지만 노화가 진행될수록 적은 땀의 분비로 활동이 줄어든다.

아포크린 한선은 귀 언저리, 겨드랑이, 사타구니, 젖꼭지, 배꼽 주변에 주로 분포되어 있으며, 남성보다 여성에게 더 많이 분포되어 있고 인종별로는 흑인종 > 백인종 > 황인종 순으로 분포한다.

④ **모발(hair)**: 모발은 케라틴이라는 경단백질로 구성되어 있으며, 총 18종의 아미노산으로 이루어져 있다. 모발의 성분으로 케란틴(70%), 수분(10%), 소량의 지질(1~8%), 미네랄과 미량의 원소(0.6~1.0%), 멜라닌 색소(3%) 이하로 구성되어 있다.

㉮ 모발의 종류

㉠ 연모(vellus hair): 솜털이라고도 하며, 전신의 피부에 나 있는 섬세한 털을 말한다.

㉡ 체모(sexual hair): 음모나 턱에 나는 수염을 말하며, 색이 진하고 짧고 굵은 털이다.

㉢ 종생모(terminal hair): 색이 진하고 길이가 긴 털을 말하며, 멜라닌 색소를 다량 함유하고 있다.

㉯ 모발의 구조: 모발은 피부 표면에 있는 모간hair shaft과 피부내부에 있는 모근hair root으로 구분된다.

㉠ 모낭(folicles): 둥근 관모양으로 모근부를 보호하고 모근을 싸고 있는 내외층의 피막이다.

㉡ 모구(hair bulb): 전구모양으로 되어 있으며, 멜라닌세포와 모기질 세포로 구성되어 있다.

㉢ 피지선(sebaceous gland): 모낭벽에 붙어 있으며, 모발의 윤기를 더해주는 기능을 한다.

㉣ 기모근 또는 입모근(arrector pili muscle): 털을 세우는 기능을 한다.

㉤ 모유두(papilla of hair): 영양공급을 하고 두발의 성장을 담당한다.

㉥ 모간(hair shaft): 두피 바깥으로 나와 있는 부분을 말한다.

㉦ 모근(hair root): 두피 안에 있는 부분을 말한다.

㉧ 모소피 또는 모표피(cuticle): 모발의 가장 바깥층으로 모피질을 보호하는 역할을 한다.

㉨ 모피질(cortex): 모발에서 제일 중요한 부분이며, 모발의 80~90%

를 차지한다. 퍼머와 염색이 모피질에 의해 결정된다. 그리고 간충 물질을 함유하고 있다.

㉧ 모수질(medulla): 멜라닌 색소를 포함하고 있으며, 벌집모양의 다 각형의 세포로 구성되어 있다.

★ 피부는 부드러운 연케라틴으로, 모발, 손톱, 동물의 발굽은 단단한 경케라 틴으로 구성되어 있다.

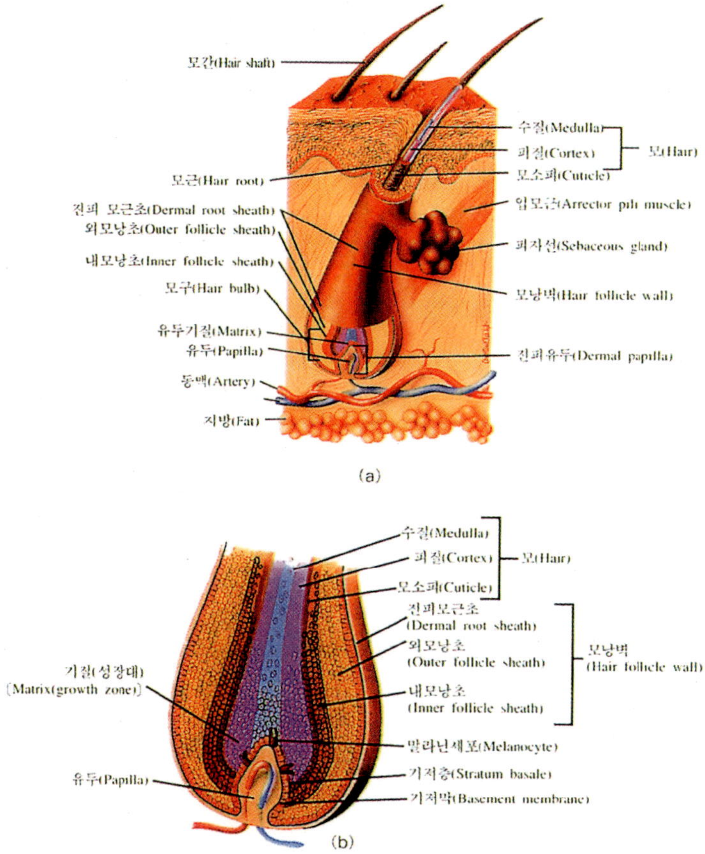

모발의 단면도

③ 모발의 성장주기

㉮ 성장(1단계): 머리카락 3~5년, 눈썹 3~5개월 정도 전체모발의 80~ 90% 차지

㉯ 퇴행기(2단계): 세포 분열이 정지되고 성장이 멈추는 시기(2개월 정도)

전체모발의 1~2%정도 차지

㉰ 휴지기(3단계): 멜라닌 색소가 결핍되고 모발이 빠짐(3~5개월 정도) 전체모발의 14~15% 정도 차지

2) 피부의 기능과 영양

(1) 피부의 기능

① **분비 작용**: 인체의 분비 기관은 호르몬을 분비하는 내분비 기관과 한선과 피지선처럼 특별한 도관을 통해 체외로 물질을 배출하는 외분비 기관이 있다. 대사 과정에서 생성된 여러 물질은 신장, 폐, 항문을 통해 배설되나 독소, 노폐물, 알코올 등의 수용성 물질은 피부의 분비구인 모공과 한공을 통해 피지, 땀과 함께 배설이 된다.

② **흡수 작용**: 피부에 필요한 물질들을 모낭, 피지선 통해서 선택적으로 흡수한다.

③ **보호작용**: 피부 조직의 가장 기본 작용으로 외부의 물리적, 화학적 변화 손상, 건조, 이물질로부터 보호한다.

④ **각화 작용**: 표피의 가장 대표적인 기능으로 피부 각화 작용이다. 기저층에서 생성된 피부세포가 각질층을 향해 모양을 바꾸어 밀려 올라가 각질이 되어 탈락되는 과정으로 28일 주기로 계속 반복된다.

⑤ **감각 작용**: 피부에는 촉각touch sensation, 압각pressure sensation, 통각painsensation, 냉각krause's copuscles, 온각ruffini's corpuscles의 피부감각cutaneous sensation 점이 있어 외부 자극을 즉각 뇌로 전달한다.

피부 $1cm^2$에는 통각 200여개, 촉각 25개, 냉각 12개, 온각 2개 가량이 존재하면서 외부자극에 반응한다.

이러한 반응들은 이들 감각 기관이 인체를 방어하려는 환경 변화에 따른 인체 적응력으로 인체의 위해 요소로부터 보호하고 있다. 촉각과 통각은 진피유두층에, 압각과 온각, 한각은 진피망상층에 위치한다.

⑥ **체온 조절 작용**: 체내온도를 정상적으로 유지하기 위한 체온 조절 기능은 피부가 담당한다.

인체의 열은 부도체이다. 내부의 온도가 36.5oC 이상이 되면 진피의 망상층에 존재하는 온각이 재빨리 반응하여 혈관과 피부가 이완되고 한선 기능이 활발해지면서 땀을 많이 분비시켜 체온을 낮추어준다.

⑦ **비타민 D 활성화 작용**: 태양광선 중 약 6%정도 존재하는 자외선ultraviolet light은 동식물의 생명활동에 없어서는 안 되는 아주 중요한 역할을 한다.

자외선 중에서 280~320nm인 UVB(중파장)는 인체의 영양분과 칼슘을 공급하며 pro-D를 비타민 D로 활성화시켜준다.

⑧ **저장 작용**: 피부는 인체의 가장 큰 저장 기관이다. 인체의 대사 과정에 필요한 에너지원인 지방과 영양물질, 수분, 당분, 염분 등을 저장하고 에너지가 필요할 때 저장된 영양물질을 전환시켜 신진대사를 활성화시키는 물질 전환을 담당한다.

⑨ **표정 작용**: 안면피부 형성으로 인해 표정을 나타내도록 하며 화가 나거나 부끄러울 때 얼굴에 나타내는 피부의 색으로도 감정을 표시한다.

(2) 피부의 pH

① 피부의 pH 개념

pH란 수소이온농도의 지수 유지를 의미하며 'potential for hydrogen'의 약자이다. 여기서 피부의 pH라고 하는 것은 피부 자체의 pH가 아니라 땀과 피지가 혼합되어 피부를 덮고 있는 막의 pH를 말한다.

피부의 pH는 0에서 14가지로 총 15단계의 pH를 나타내는데, 0은 강한 산성도를 나타내며 14는 강한 알칼리성을 나타낸다. 수소이온농도가 커지면 커질수록 강한 산성에서 강한 알칼리성으로 되어가는데(pH 0~2는 강산성, 2~6은 약산성, 6~7은 중성, 7~12는 약알칼리성, 9~14는 강알칼리성), 이상적인 피부의 산성도는 pH 5.2~5.8이다. 산성도는 외부의 자극으로 인해 변화하더라도 일정시간이 지나면 다시 원래의 pH 상태로 복귀한다. 또한 피부의 pH는 피부유형, 성별, 연령, 피부층, 신체부위 등에 따라 다르게 나타나며 기후나 계절, 소화기능, 화장품 등의 영향을 받아 피부의 pH가 다르게 나타난다.

피부 pH 변화 수치는 하루에 보통 0.5 이내로 변화되는데 낮에는 pH 5.6, 밤에는 pH 5.5~6.5 사이가 된다. 피부의 pH는 성별과 나이에 의해서도 차이를 보이며, 성인 남성의 경우 pH 4.5~6으로 pH 5~6.5인 여성보다 낮게 나타나고, 20대의 장년기는 신생아나 노년기의 pH보다 낮게 나타난다.

또한 피부유형에 따라서도 다르게 나타나는데, 건성 피부는 pH 6~6.5로 중성 피부에 비해 높고, 지성 피부는 pH 4.5~5로 중성 피부보다 낮게 나타난다.

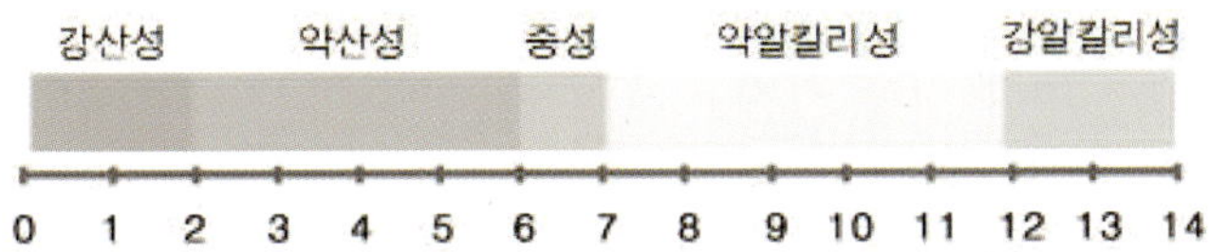

피부의 pH

② **피부의 pH 복원능력**

피부를 비누와 같은 알칼리성 물질로 처리하게 되면 pH가 약간 높아졌다가 30분~1시간 후에는 정상으로 돌아온다. 복원시간이 길수록 피부 케라틴의 저항력이 약해져 피부질환이 생길 기회가 많아지므로, 피부미용적인 측면에서 피부의 pH 밸런스를 유지하는 것은 매우 중요하다.

(3) 피부와 영양

피부를 아름답게 하는 음식물을 미용식이라고 한다. 피부의 참된 영양은 화장품이나 그 밖의 의약품에 의하여 유지되는 것이 아니라 체내의 원활한 활동으로부터 얻어지는 것이다. 즉 피부의 건강에 필요한 영양은 항상 체내에서 순환하는 혈액으로부터 공급된다.

① **피부 영양의 조건:** 아무리 영양이 풍부한 음식물을 섭취하였다고 하더라도 체내에서 충분히 받아들여 이용하지 못하면 섭취하지 않는 것과 마찬가지가 된다. 따라서 인체, 특히 위장을 튼튼하게 하여 소화, 흡수가 잘 되도록 하는 것이 중요하다.

* 영양소의 종류

- 3대 영양소: 탄수화물, 지방, 단백질

• 5대 영양소: 3대 영양소, 무기질, 비타민
• 6대 영양소: 5대 영양소, 물
• 7대 영양소: 6대 영양소, 식이섬유

㉮ 탄수화물: 탄수화물은 우리 몸을 지탱하는데 절대적으로 필요한 영양소이지만 과다한 섭취는 피부의 수분량을 증가시켜 여러 가지 자극에 쉽게 반응하고 세균감염을 초래할 수 있으며, 탄수화물이 지방으로 변해 저장되므로 비만체형이 되기 쉽고 피지분비량도 증가된다.

㉯ 지방: 지방은 생활에 필수적인 에너지원으로써 탄수화물의 2배가량 되는 고칼로리를 가지고 있으며, 이용되고 남은 잔여분은 피하조직에 저장되었다가 필요시에 쓰인다. 지방을 섭취하면 피지분비가 증가하는 동시에 피지의 질적 변화도 생긴다. 단지 피질에 대한 영향은 섭취하는 지방의 질에 따라 다르다(예를 들어, 돼지고기의 지방은 나쁘지만 쇠고기의 지방 정도로는 악화가 눈에 띄지 않는다).

㉰ 단백질: 단백질은 생명체의 세포구성 단위로써 새로운 조직을 만들어 이미 존재하는 조직의 활동유지를 위하여 아미노산을 공급한다. 또한 효소의 형태로 물질대사에 관여하여 헤모글로빈의 형태로 산소운반, lipoprotein 형태로는 지질수송의 역할을 담당한다.

특히 필수 아미노산에 다량 함유되어 있다. 또한 피부의 탄력을 관장하는 탄력섬유, 결합섬유도 단백질로 구성되어 있다. 그러므로 1일 60~100g의 단백질 섭취가 필요하고, 그 중 동물성 단백질을 2/3 이상 섭취하는 것이 미용에 효과적이다.

㉱ 무기질: 신진대사의 기능이 원활하게 이루어지도록 도와주는 조절 영양소이다. 무기질은 피부와 밀접한 관계를 가지고 있는 영양소로 관련성이 깊은 무기질의 종류는 다음과 같다.

㉠ 칼슘: 뼈, 치아를 튼튼하게 하며 자외선에 의한 피부 손상을 예방하고 피부를 건강하게 유지할 수 있도록 작용한다.

㉡ 인: 인은 세포의 핵산과 세포막을 구성하는 성분으로 칼슘처럼 골격과 치아의 형성에 관여한다. 또한 탄수화물과 지방의 대사에도 관여한다.

㉢ 나트륨: 체내의 수분과 산 및 알칼리의 균형을 유지시킨다. 근육의

탄력성과 관계있다. 과잉섭취 시 신장병의 원인이 된다.

㉣ 철분: 헤모글로빈을 구성하는 매우 중요한 물질로 피부의 혈색과도 밀접한 관계에 있으며 결핍되면 빈혈이 일어난다.

㉤ 요오드: 갑상선과 부신의 기능을 활발히 해주어 피부를 건강하게 하며 모세 혈관의 기능을 정상화시키는 역할을 한다.

② Vitamin: 비타민은 피부미용과 밀접한 연관성을 가지는 영양소이며, 소량으로 생명에 큰 영향을 미치는 중요한 성분으로서 체내의 생리작용을 조절한다. 비타민은 기름에 녹는 것과 물에 녹는 것 2종류(지용성과 수용성 비타민)가 있다.

㉮ Vitamin A(지용성 비타민): 면역을 증진시키며 피부의 정상화 작용 및 세포 분열 유도작용을 한다.

피부 상피조직의 신진대사에 깊이 관여하여 성장을 촉진시키며 피부의 정상적 각화과정을 유지하는 작용을 하는데, 비타민 A의 과잉섭취는 탈모를 유발하고 결핍 시에는 피부 표면의 유분이 적어져 거친 건성 피부가 되기 쉽다. 손톱이나 털도 약해져 부러지기 쉽고 눈이 나빠지기 쉽다.

㉯ Vitamin B1(수용성 비타민): 항신경성 비타민으로 불리며 신경을 정상으로 유지시키는 역할을 한다.

피부저항력을 강화시키며 피부의 지루상태 및 여드름 징후, 알레르기 등의 증상에도 효과적이다. 비타민 B1 부족 시 각기병의 원인이 되기도 한다.

㉰ Vitamin B2(수용성 비타민): 미용 비타민이라고 할 정도로 미용과 깊은 관계가 있다. 피부의 모세 혈관을 튼튼하게 하여 혈액순환을 좋게 하며, 피부의 보습함유량을 증대시키고 탄력감을 부여해준다. 비타민 B2가 부족하게 되면 모세 혈관이 확장되기 쉽고 외부의 자극에도 민감하게 반응한다. 또한 광 과민으로 인하여 일광홍반과 일광피부염을 일으킨다.

㉱ Vitamin B6(수용성 비타민): 항피부염성 비타민으로 피지조절 능력이 있어서 지루성 피부에 진정효과를 가져오며, 모세 혈관의 혈액순환도 순조롭게 해준다. 결핍 시에는 가려움증을 동반한 피부병이나 지루성

과 유사한 피부염, 습진, 알레르기가 발생하기 쉽다.

㉲ Vitamin C(수용성 비타민): 아스코르빈산으로 불리며 항티로시나아제의 작용에 의해 멜라닌 생성을 저해함으로써 색소침착을 억제하는 효과를 갖는다(피부색을 희게 하기 위해 널리 사용되고 있는데 1일 1,000~1,500mg의 대량 내복이 필요하다). 또한 모세 혈관의 벽을 튼튼히 하고 진피의 결체조직을 강화시켜 피부 회복에 도움이 된다.

㉳ Vitamin D(지용성 비타민): 비타민 D는 칼슘이 체내에 흡수될 때 필수적인 비타민으로 일반 음식물과 건조식품에 함유되어 있다. 또한 자외선에 의해 피부에 합성되며 체내에서 흡수되기도 한다.
하지만 그을린 피부에서는 비타민 D의 합성이 이루어지지 않는다. 피부의 민감화를 막아주며 습진, 건선, 경화증에 사용되며 다소 어려운 피부병에도 쓰인다.

㉴ Vitamin E(지용성 비타민): 비타민 E는 천연유지로써 인체에 매우 중요한 항산화제이다. 비타민의 항산화제 작용은 유해분자들을 중화시켜 세포조직의 피해를 막아주는 역할을 한다.
특히 비타민 E는 심장기능의 약화를 막아주어 노화 피부에서 면역체계를 강화시켜 젊음을 유지시켜 준다고 한다. 또한 비타민 E가 피부에 쉽게 침투하여 화상 입은 피부나 염증을 감소시켜준다. 결핍 시 노화, 건조, 피부가 트고 냉증, 불임, 유산의 원인이 된다.

3) 광선

(1) 적외선(Infrared ray)

파장 770nm 이상으로 열을 발생시켜 신진대사에 영향을 미친다. 심부 2mm까지 침투하며 근육이완과 혈액순환 촉진, 노폐물 배출에 효과가 있다.

(2) 가시광선(visible ray)

파장 400~770nm으로 사물을 볼 수 있게 하는 광선이다. 빨 ,주, 노, 초, 파, 남, 보(파장이 긴 것이 빨강색, 파장이 가장 짧은 것은 보라색이다.)

(3) 자외선(ultraviolet rays)

① 자외선이란?

자외선이란 태양에서 방출하는 200～400nm의 짧은 전자의 파장이며 인체에 긍정적인 영향과 부정적인 영향을 미치는 전자파를 말한다.

자외선은 지구에 미치는 파장에 따라 장파장(UV－A), 중파장(UV－B), 단파장(UV－C)으로 분류하며, 보통 단파장 이하의 자외선은 대기상의 오존층이나 먼지, 수증기 등에 의해서 흡수되거나 산란되기 때문에 지표상에 거의 도달하지 않는다. 그러나 최근에는 환경오염으로 인한 오존층의 파괴로 단파장(UV－C) 이하의 자외선이 지상에까지 도달하여 피부에 침투하고, 이로 인하여 피부암이나 각종 피부병의 발병률 또한 높아지고 있는 상황이다.

자외선은 1년 중 4～8월에 강하며 그 중에서도 6월에 가장 강하다. 1일 중 오전 10시～오후 2시 사이에 가장 강하다.

② 자외선의 분류

㉮ UV－A(장파장): 장파장(UV－A)은 320～400nm의 가장 긴 파장으로써 피부의 진피층 하부까지 침투하게 된다. UV－A가 피부에 장기 조사되었을 때는 피부의 탄력을 감소시키고 광 독성, 광 알레르기 반응이 일어나며, 색소침착을 유발하고 주름과 피부위축현상이 나타나며 피부의 건조화를 일으키고 백내장을 유발하기도 한다.

㉯ UV－B(중파장): 중파장(UV－B)은 290～320nm의 중간 파장이며 피부 표피의 기저층 또는 진피상부까지 침투하게 된다.

UV－B가 피부에 장기 조사되었을 때 홍반, 수포, 일광화상을 일으키고 DNA를 손상시켜 피부암의 원인을 유발하며, 세포막 손상과 효소활동을 감소시킨다. 또한 피부의 면역력을 저하시키고 피부건조의 원인이 된다. 하지만 프로비타민 D를 활성화하여 구루병을 예방하기도 한다.

㉰ UV－C(단파장): 단파장(UV－C)은 200～290nm의 짧은 파장이며 오존층에 완전히 흡수되어 피부에 영향을 주지 않지만, 최근에는 환경오염으로 인한 오존층 파괴로 피부에 영향을 주게 된다. 이로 인하여 피부병이 발생하게 되고 피부암의 원인이 되기도 하며 각종 피부 알레르기가 발생한다.

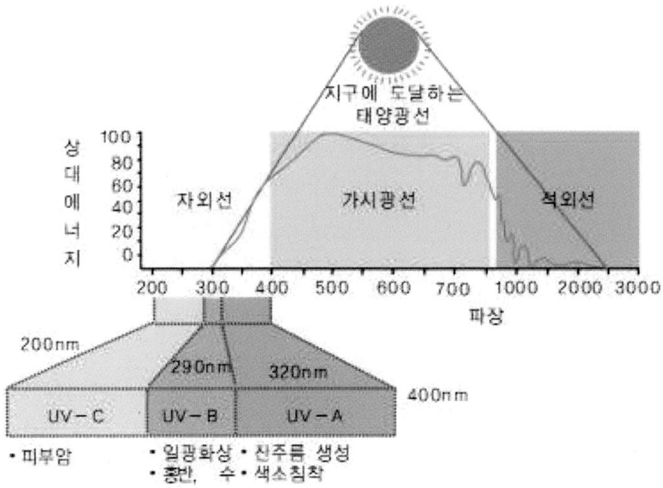

자외선

③ 자외선에 의한 피부반응

피부에 자외선이 침투되면 각질층의 두께, 형태, 멜라닌 분포 등에 따라 피부 반응이 달라진다. 피부에는 세포막, DNA, 효소, 지질 이외에 아미노산, 단백질 등의 세포 거대분자가 피부의 손상을 치유하거나 방어하는 기능을 한다. 그러나 자외선에 많이 노출되면 피부 내의 세포가 손상되고 피부의 염증을 일으킨다.

자외선에 의한 피부반응에는 홍반반응과 색소침착, 일광화상, 일광 알레르기가 있다.

㉮ 홍반반응: 홍반반응은 진피 내 혈관확장으로 인하여 피부가 붉어지는 현상이며, 즉시 나타나는 즉시홍반immediate phase과 1시간에서 4시간 후에 나타나는 지연홍반delayed phase이 있다.

즉시홍반과 지연홍반은 자외선을 흡수한 각질형성세포에서 분비되는 히스타민histamine, 인터루킨interleukin, 프로스타글라딘prostaglandin 등의 혈관확장물질에 의해 만들어진 염증세포가 부종을 유발함으로써 생긴다. 즉시홍반immediate phase의 지속기간은 일시적으로 나타난 후 바로 없어지며 지연홍반delayed phase은 1～2일 정도 지속된다.

㉯ 색소침착: 색소침착tanning은 자외선이 피부에 침투하였을 때 피부가 검게 그을리는 현상으로, 멜라닌의 양을 증가시키고 색소의 변화를 증

가시켜 모세 혈관을 확장시키고 기미와 주근깨를 생성시킨다.

색소침착tanning은 즉시형 색소침착immediate tanning과 지연형 색소침착delayed tanning으로 구분된다.

즉시형 색소침착immediate tanning은 가시광선과 UV－A에 의해 유발되며 색소침착의 지속기간은 피부에 침투한 시간에 비례한다. 즉시형 색소침착은 자외선에 의해 멜라닌이 산화되고 멜라닌 형성세포 내의 멜라노좀이 수지상 돌기를 통해 기저세포로 이동하기 때문에 생기는 것이다.

지연형 색소침착delayed tanning은 UV－B와 UV－A, UV－C에 의해서 유발되며 색소침착의 지속기간은 피부에 침투한 지 48시간 이후부터 나타나기 시작하여 이때부터 21일까지 지속되고, 피부상태에 따라 수개월까지 지속되기도 한다.

㈐ 일광화상: 일광화상sunburn은 피부가 자외선에 과도하게 노출되었을 때 나타나는 흔한 현상으로 주로 UV－B에 의하여 유발되며 UV－A도 일광화상을 일으키는 원인이 된다. 일광화상sunburn의 지속기간은 피부가 태양에 노출되었을 때 4시간에서 7시간의 잠복기 이후에 나타나며, 24시간 내에 최고조에 달아오르며 피부에 염증을 일으키고 오한, 발열을 일으키며 물집이 생기는 증상을 보인다. 일광화상은 치료도 중요하지만 예방도 치료 못지않게 중요하다.

㈑ 일광 알레르기: 일광 알레르기photoallergic dermatitis는 광 알레르기라고도 하며 광 과민성 피부질환 중에서 흔히 일어나는 피부염으로, UV－A에 의해서 유발되며 국소도포나 약물을 복용했을 때 피부염이 발생한다. 일광 알레르기로 인해 나타나는 피부 문제점으로는 홍반, 수포들이 생성되어 얼굴과 가슴, 목 등에 나타난다.

④ 자외선으로부터 피부를 보호하는 방법

자외선으로부터 피부를 보호하는 방법은 피부를 자외선에 노출시키지 않거나 자외선 차단제를 이용하여 피부를 보호하는 것이다. 자외선 차단제는 피부를 보호하기 위한 중요한 제품으로 최근에는 많은 종류의 자외선 차단제가 개발되어 각 피부의 유형과 상태에 따라 선택하여 사용한다.

㉮ 자외선 차단 지수: 자외선 차단 지수로는 SPF(자외선B 차단)와 PA(자외선 A 차단)으로 구분할 수 있다.

㉠ 자외선 차단 지수Sun Protection Factor: SPF란 자외선 차단제품을 사용하였을 때 피부를 보호하는 정도를 수치화하여 지수로 나타낸 것을 말한다.

$$SPF = \frac{\text{자외선 차단제품을 사용했을 때의 최소 홍반량}}{\text{자외선 차단제품을 사용하지 않았을 때 나타나는 최소 홍반량}}$$

㉡ PA(protect A)

ⓐ 장파장의 자외선A를 차단시키는 정도를 나타내며, 최소지속형, 즉시 흑화량을 측정하여 수치가 아닌 +를 이용해 등급을 표시한다.

ⓑ 차단등급은 PA+(2~4시간 미만), PA++(4~8시간 미만), PA+++(8시간 이상) 등

* SPF: UVB방어 효과를 나타내는 지수(최소홍반량)
* PA: UVA를 차단하는 지수(최소흑화량)(MPPD)
* MED: 첫 홍반이 생기는 자외선의 최소량(최소홍반량)
* MPPD: 피부에 UVA를 조사한 경우 색소침착이 2~4시간 지속되는데 필요한 최소한의 자외선 조사량(최소녹화량)

㉯ 자외선 흡수제: 자외선 흡수제는 자외선을 흡수하여 화학적인 방법으로(자외선의 에너지를 진동이나 열로 변환) 피부를 보호하는 물질을 말한다.

자외선 흡수제로 사용하는 물질은 파라아미노벤조산para amino benzoic acid 유도체, 벤조페논benzophenone 유도체, 디벤조일 메탄dibenzoyl methane 유도체, 벤즈이미다졸benzimidazole 유도체, 감파camphor 유도체 등이 있다.

㉰ 자외선 산란제: 자외선 산란제는 분말상태의 안료에 의해 물리적인 방법으로 태양광선을 산란시켜 피부 속으로의 침투를 막는 물질을 말한다. 산화아연(징크옥사이드), 이산화티탄(티타늄디옥사이드), 카올린, 탈크

⑤ **색소침착**

㉮ 멜라닌: 멜라닌 색소가 표피에 가까이 위치할수록 흑갈색을 띠며 진피층에 깊이 존재할수록 적갈색을 띤다. 모든 피부세포와 마찬가지로 안에서 밖으로 밀려와 각질세포와 함께 떨어져 나간다. 진피의 멜라닌은

혈관과 림프관, 소변과 모유를 통해 배출된다.

㈏ 색소의 이상현상

㉠ 색소증가: 주근깨, 기미, 노인성 반점, 베를로크 피부염, 릴안면흑피증, 에디슨병, 모반

㉡ 색소결손: 백반백피증, 백반

㈐ 피부의 미백

㉠ 멜라닌생성자극호르몬을 억제한다.

㉡ 티로신의 산화 시 촉매역할을 하는 티로시나아제의 작용을 억제한다.

㉢ 도파의 산화를 억제한다.

㉣ 각질세포의 박리를 도와 이미 있는 멜라닌세포를 제거한다.

㉤ 멜라닌세포를 감소 또는 사멸시킨다.

㉥ 자외선을 차단한다.

ⓐ 미백성분: 플라센타, 감초 추출물, 코직산, 레몬 추출물, 비타민 C

ⓑ 알파 하이드록시 애시드: 과일산이라고 부르며 각질제거를 하며, 물과의 친화력으로 보습기능을 한다. 여드름제거와 잔주름 개선과 탄력을 제공한다. 기미피부의 색소층을 얇게 하고 민감성 피부에 저항을 길러 준다.

분자구조는 사탕수수에서 추출한 글리콘산, 상한 우유에서 추출한 락트산, 사과와 복숭아에서 추출한 말릭산, 신포도에 함유된 타르타산, 오렌지와 레몬에서 추출한 시트르산의 순으로 분자구조가 크다.

7

네일 구조학

1) 손톱의 특성, 역할

(1) 손톱의 성장

손톱의 전문적인 용어로 오닉스Onyx라고 한다. 손톱의 성장은 조모/매트릭스Matrix에서 시작되며, 조근/루트Root 손톱의 심장부이다.

조모/매트릭스Matrix에 압력이가해지면 기형 및 성장이 멈추기도 한다. 손톱은 조근/루트Root에 의해 피부와 밀접하고 견고히 부착되어 있고 한달에 3mm정도 자라며 하루에 0.1mm 정도 자란다. 손톱이 완전히 자라는 기간은 6개월 정도이며 계절적으로는 겨울보다 여름에 더 빨리 자란다. 나이, 건강상태에서 따라 다르며 계절에 따라 조금씩 차이는 있다.

손톱 중 제일 빨리 자라는 손톱은 중지 손톱이고 제일 늦게 자라는 손톱은 엄지이다. 손톱이 한번 빠지면 다시 회복 되는데 6개월 정도 걸리므로 자극을 주는 행동은 손톱의 성장에 좋지 않은 영향을 미친다.

(2) 손톱의 특성

손톱은 피부의 일부이며 케라틴이라는 단백질로 구성되어 있다. 아미노산과 시스테인이 많이 포함되어 있으며 그 외에 칼슘, 산소, 질소, 황소로 구성되어 있다. 케라틴과 칼슘이 손톱의 성장에 중요한 역할을 미치는 성분이며 손톱의 수분은 12~18%정도 함유하고 있다. 조근/루트Root는 살아 있는 세포로서 산소를 필요로 한다. 그들은 수많은 조체/네일바디nail Body의 모세 혈관으로부터 산소공급을 받는다.

(3) 손톱의 역할

① 손을 보호하는 역할을 한다.

② 몸 상태를 나타내는 역할을 한다(예를 들어 우리 몸이 병에 걸리면 손톱에도 이상한 증상이 나타난다).

③ 물건을 잡거나 들어올리는데 도움을 주는 역할을 한다.

④ 외적인 미를 나타낸다.

(4) 건강한 손톱

① 세균에 감염이 되지 않아야 한다.

② 단단하고 윤기가 있으며 탄력이 있어야한다.

③ 연한 핑크색을 띄고 있고 둥근 아치형으로 형성되어야 한다.

④ 유연함과 수분량이 7~18% 함유하고 있어야 한다.

⑤ 건강하게 바닥에 잘 부착되어야 한다.

TIP

손톱 빛으로 보는 건강

손톱은 제2의 얼굴이라고도 한다. 손톱 빛으로 건강상태를 체크해보자!

- 푸른빛이 도는 손톱: 정신적인 스트레스와 혈액순환 불량
- 붉거나 검붉은 손톱: 모세 혈관에 탄력이 없거나 손상 된 경우
- 창백한 손톱: 영양장애, 심장질환 또는 빈혈이 있는 경우
- 얇고 잘 찢어지는 손톱: 비타민, 레시틴이 부족하며 신경계통의 만성 질환
- 가로줄무늬, 패인 경우: 정신적인 질환, 영양실조 , 급성 전염병이 있는 경우

2) 손톱의 구조

(1) 손톱 자체구조

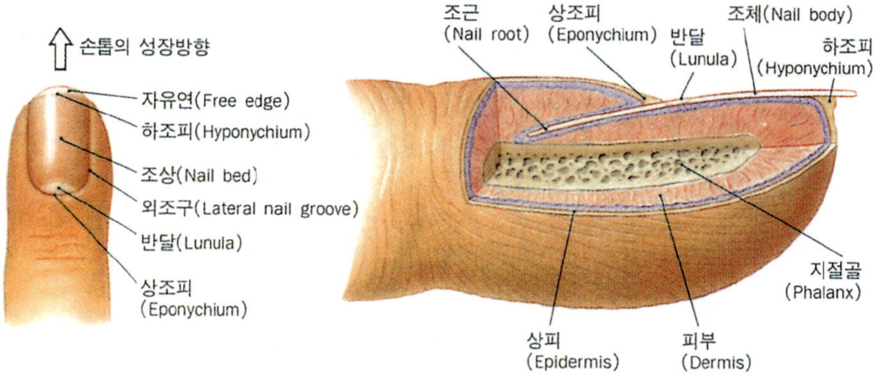

손톱의 구조

① 조근/네일 루트(nail root)

손톱이 자라는 가장 중요한 부분으로 손톱의 새로운 세포가 만들어지는 부분이다.

② 조체/네일 바디(nail body)

조판/네일 플레이트nail plate라고도 하며 육안으로 보이는 손톱으로 신경이나 혈관이 없는 것이 특징이다.

③ 자유연/네일 프리 엣지(free edge)

손가락 바깥으로 손가락 끝부분이다.

(2) 손톱 밑의 구조

① 네일 베드(nail bed/조상)

- 손톱을 지탱하고 신경조직이 있는 부분이다.
- 네일 바디를 받치고 있는 부분으로 손톱의 신진대사와 수분공급 역할을 담당한다.

② 메트릭스(matrix/조모)

- 손톱에서 모세 혈관 & 림프 신경세포가 있는 가장 민감한 부분이다.
- 손톱이 성장하는 중요한 부분이다.
- 매트릭스가 손상되면 더 이상 손톱이 자라지 않거나 비정상적인 손톱이 된다.

③ 반월/루눌라(lunula)

네일 베드와 루트, 매트릭스를 연결해주는 흰색 반달모양이다.

(3) 손톱 주변의 구조

① 큐티클(cuticle/조소피)

- 강피라고도 하며 손톱 부분을 덮고 있는 부분을 말한다.
- 수분과 탄력이 있는 것이 특징이며 손톱 밑부분의 오목한 곳으로 되어 있다.

② 네일 폴드 (nail fold/조주름)

- 네일 맨틀mantel이라고도 하며 네일 베이스에서 길게 접혀져 있는 부분을 말한다.

③ 네일 그루브(nail groove/조구)

- 네일 양쪽 부분의 오목한 부분을 말한다.

④ 네일 월(nail wall/조벽)

- 네일 그루브 위에 있는 양측면의 피부를 말한다.
- 네일 루트를 밀착, 보호하는 기능을 한다. 체벽이라고도 한다.

⑤ 에포니키엄(eponychium/상조피)

- 손톱이 피부로 들어가기 시작하는 부분이다.

⑥ 하이포니키엄(hyponychium/하조피)

- 네일이 피부와 연결된 막으로 세균의 침입으로부터 손톱을 보호하는 특징이 있다.

⑦ 파로니키엄(paronychium/조상연)

- 손톱을 둘러싼 양옆 피부를 말한다.

3) 손톱의 질환과 이상 증상

손톱의 색과 형태를 보면 그 사람의 건강 상태를 파악할 수 있다. 손톱의 질병은 몸의 불균형, 손톱의 손상으로 일어나기 때문이다. 네일리스트들은 건강한 손톱을 가진 고객은 더욱 건강하게 유지시키며, 적절한 서비스를 하고, 질병이 있는 고객에게는 신속하게 증상을 파악해서 안전한 서비스와 대처 하는 조치가 필요하다.

* 네일리스트가 시술 가능한 손톱

(1) 기형적인 손톱

① 멍든 손톱(bruised nail)

- **원인**: 네일 베드nail bed에 어떤 손상을 받았을 때 손톱 밑에 피가 응결돼 적갈색이나 흑갈색을 띤 상태를 말한다.
- **치료**: 치료기간 중 손톱이 떨어져 나갈 수가 있으므로 인조 네일nail tip 시술은 해서는 안된다.

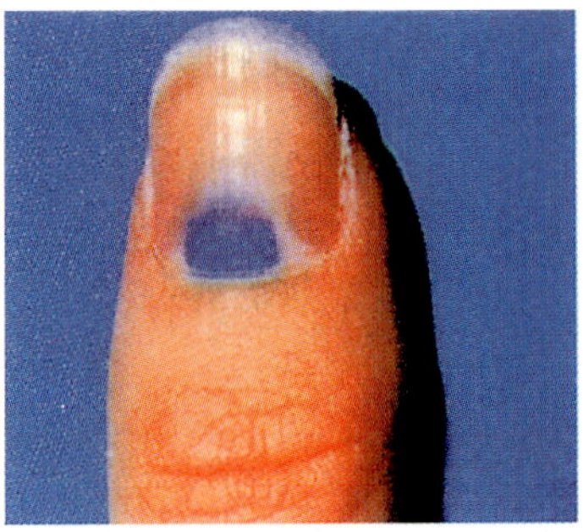

멍든 손톱

② 변색된 손톱(discolord nail)

손톱의 색상이 황색이나, 푸른색, 검푸른색, 녹색, 적색, 자색 등 여러 가지

색깔로 변하는 것을 말한다.

- **원인**: 혈액순환이나 심장상태 그리고 일반적인 치료나 구강치료를 받을 때 일어날 수 있다.
- **치료**: 인조 손톱 또는 랩wrap을 씌우거나 팔리시를 발라 네일 색의 변화를 감출 수 있다.

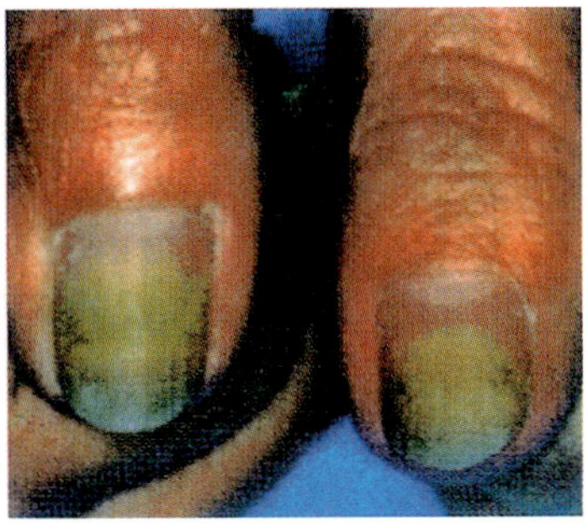

변색된 손톱

③ 에그셀 네일(eggshell nail)

계란껍질 손톱이라고도 한다.

- **원인**: 손톱이 희고 얇으며, 프리 엣지free edge가 휘어져있다. 영양상태가 좋지 못하거나 내과적 질병이나 신경계통의 이상으로 인해 발생한다.
- **치료**: 계란껍질 손톱은 잘 깨지고 잘 부서지기 때문에 파일file 할 때 표면이 약한 것으로 사용하며 퓨셔pusher는 힘을 빼고 살살 밀어 올리며 세심하게 시술하도록 한다.

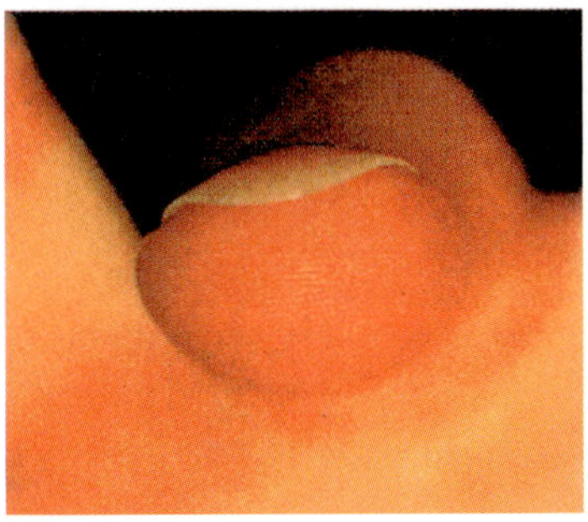

에그셀 네일

④ 퍼러우(furrowes) 또는 컬루제이션(currugation)

고랑파진 손톱이나 주름잡힌 손톱을 말한다. 손톱의 세로나 가로로 긴 골이 잡혀있다.

- **원인**: 손톱에 세로로 줄이 있는 경우에는 정상적인 성인들도 있으며 세월이 흐름에 따라 같이 커지기도 한다. 또한 순환계통의 이상이나 동상으로 인해 생길 수도 있다.

  가로줄의 골은 고열, 임신, 홍역을 앓았거나 체내에 아연질의 부족으로 인하여 나타나기도 한다.
- **치료**: 필러 파우다filler powder로 패인 부분을 채워 표면을 고르게 만든 후 네일 에나멜을 바른다.

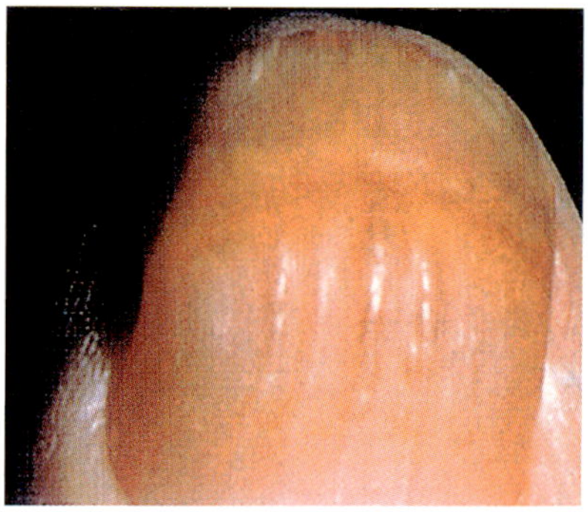

퍼러우(furrowes) 또는 컬루제이션(currugation)

⑤ 행네일(hang nail) 또는 에그 네일(agg nail)

큐티클 주의 살이 너무 건조해서 거스러미가 난 상태를 말한다.

- **원인**: 비누나 합성세제를 많이 사용하는 경우에 심하고 큐티클을 너무 건조하게 하거나 손톱을 너무 짧게 잘랐을 때 생긴다.
- **치료**: 오일oil을 발라 마사지해 큐티클을 부드럽게 한 다음 니퍼로 잘 다듬는다.

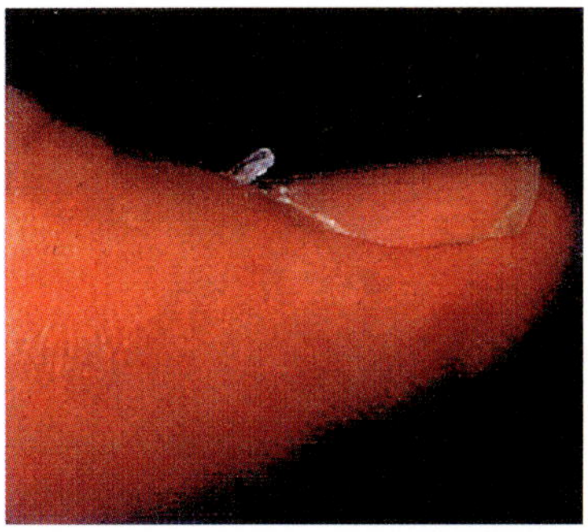

행네일(hang nail) 또는 에그 네일(agg nail)

⑥ 루코니키아(leugonychia)

백색조갑이라 하며, 손톱에 흰 반점이 있는 상태를 말 한다.

- **원인:** 유전적인 요인이나 어떠한 충격에 의해 생길 수 있으며 케라틴화가 덜된 미세한 공기주머니가 떨어져서 생긴 것이다.
- **치료:** 별 다른 처방이 필요 없으며 네일 길이를 자르거나 손톱이 자라면 없어진다.

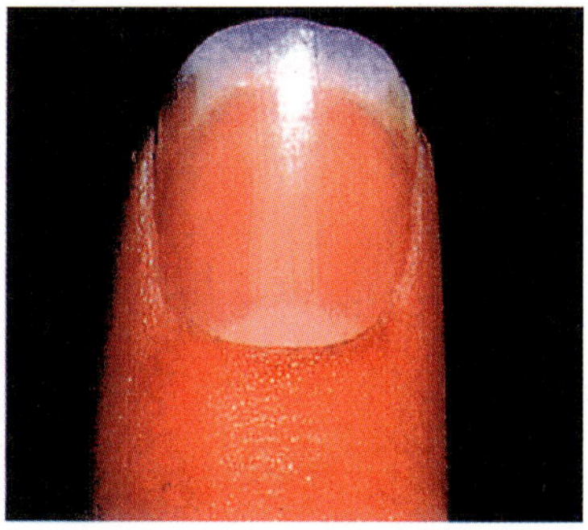

루코니키아(leugonychia)

⑦ 니버스(nevus)

모반점을 말한다.

- **원인:** 밤색이나 검은 색상으로 얼룩이 손톱에 있는 것으로 멜라닌 색소가 착색되어 일어나는 현상이다.
- **치료:** 팔리시나 네일 팁을 이용하여 감출 수 있다.

⑧ 오니켓트로피아(onychatrophia)/아트로피(atrophy)/조갑위축

손톱이 부서져 없어지는 현상을 말한다.

- **원인:** 손톱의 광택이 없어지고 오므라들며 떨어져 나간다. 네일 매트릭스 Nail Matrix에 손상을 입혔거나 내과적 질병에 의해 생길 수 있다.
- **치료:** 푸서pusher나 강한 세제를 사용해서는 안 된다. 만일 내과적인 질환으로 발생 된 것이라면 치료가 끝나면 손톱이 다시 자란다.

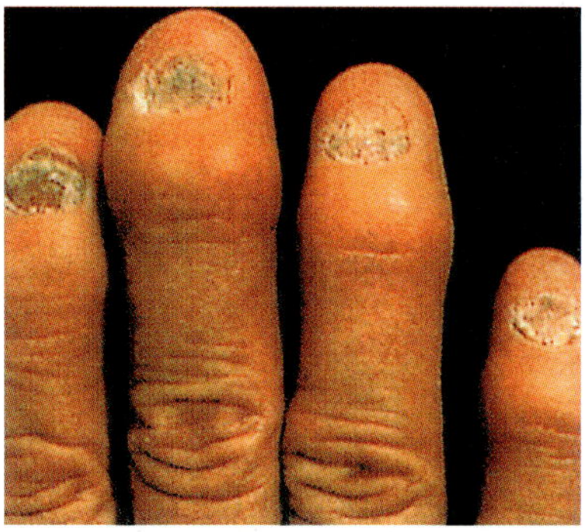

오니켓트로피아(onychatrophia)/아트로피(atrophy)/조갑위축

⑨ 오니킥시스(onychauxis)/하이퍼트로피(hypertrophy)/조갑비대

오니켓트로피아onychatrophia와 정반대의 상태를 말한다.

- **원인:** 손톱이 과잉성장을 하여 비정상적으로 두꺼워진 경우를 말하며 발톱에서 많이 볼 수 있다. 작은 신발을 장시간 착용할 경우에 많이 발생 할 수 있다.
- **치료:** 내과 질환이나 국부적인 감염 또는 유전적인 요인이 없으면 부드러운 파일로 갈아 준다

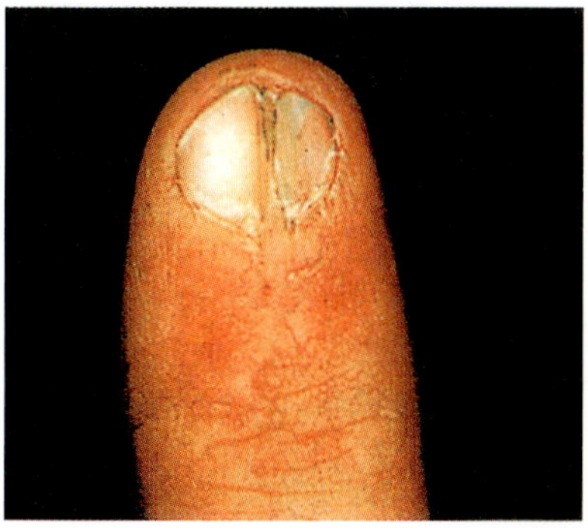

오니킥시스(onychauxis)/하이퍼트로피(hypertrophy)/조갑비대

⑩ 오니코크립토시스(onycryptosis)/인그로운 네일(ingrown nail)/조내생증

속으로 자라나는 손톱을 말한다.

- **원인**: 손톱이나 발톱이 양옆의 살을 파고 들어가는 현상으로 잘못된 파일링이나 발에 맞지 않는 신발 등이 원인이다.
- **치료**: 손톱 부위의 살이 감염되어 있지 않거나 손톱이 살 속으로 깊이 파고들지 않은 상태라면 손톱 가장 자리를 다듬어서 네일 그루브의 압박을 덜어 줄 수 있다. 너무 깊이 파고든 상태라면 치료를 권하고 손톱이나 발톱의 모양은 세미스퀘어가 좋다.

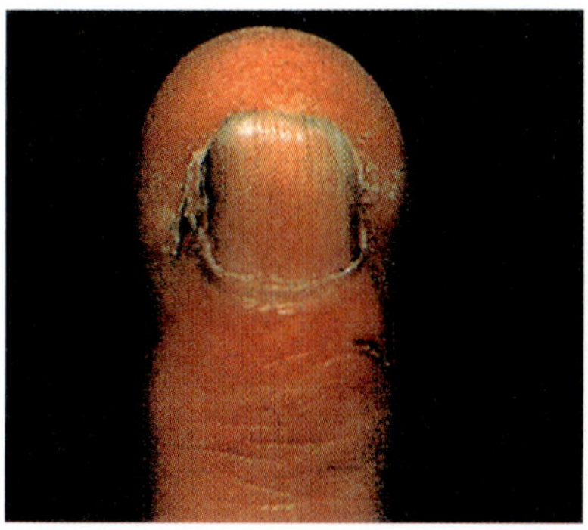

오니코크립토시스(onycryptosis)/인그로운 네일(ingrown nail)/조내생증

⑪ 오니코화지(onychophagy/교조증)

손톱을 물어뜯어 형태가 변형된 것을 말한다.

- **원인**: 불안감으로 인한 행동으로 오는 버릇이다.
- **치료**: 버릇을 고치면 좋아지지만 그렇지 못하면 자주 매니큐어 서비스를 받고 인조 네일이나 랩 등으로 변형된 손톱을 교정한다.

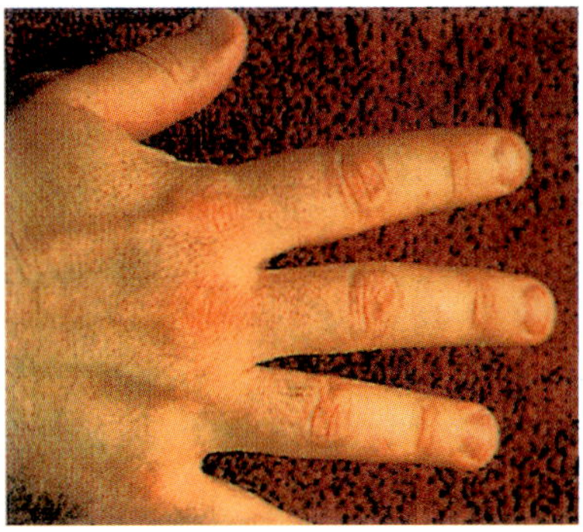

오니코화지(onychophagy/교조증)

⑫ 오니코렉시스(onychorrhexis/조갑 종렬증)

손톱이 갈라지거나 부서지는 상태를 말한다.

- **원인**: 세로로 골이 파져 있거나 팔리시 리무버나 솔벤트(용해제)가 함유된 제품을 많이 사용해서 생길 수 있고 파일링을 거칠게 한 경우에 나타나며 위장 장애 시에도 발생되기 쉬운 증상이다.
- **치료**: 네일 시술시 팔리시 리무버의 사용을 금하고 부적절한 파일링을 피하면서 손톱을 부드럽게 해 준다.

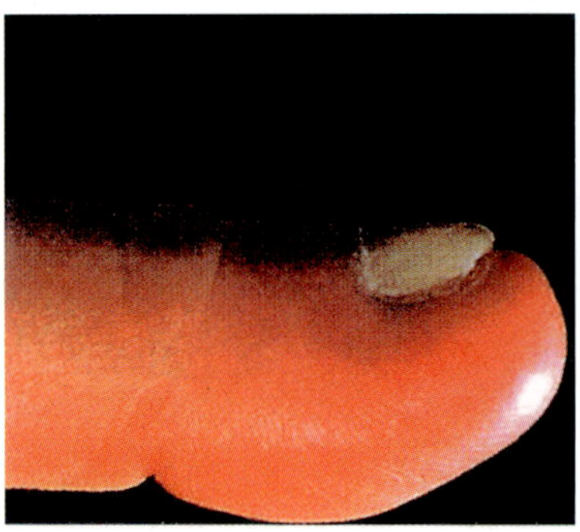

오니코렉시스(onychorrhexis/조갑 종렬증)

⑬ 테리지움(ptertygium/표피조막)

- **원인:** 큐티클이 손톱과 함께 자라 손톱을 덮는 증상
- **치료:** 지속적으로 관리를 하지 않을 경우 큐티클이 프리 엣지까지 내려 올 수 있다. 핫 오일 매니큐어로 쉽게 교정이 가능하며 큐티클을 부드럽게 한 다음 푸셔로 밀어 제거한다.

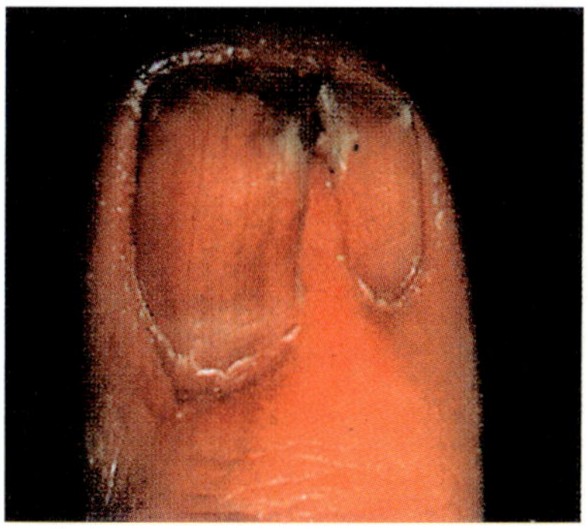

테리지움(ptertygium/표피조막)

★ 네일리스트가 시술할 수 없는 상태

(1) 손톱의 질병

① 네일 펑거스(nail Fungus/버섯균균/진균)

자연 손톱에서 변색이 된 것으로 큐티클 쪽으로 펴져나간다. 처음에는 노랑색과 연두색을 띠게 되며 시간이 지날수록 약화되어 검은 빛을 나타내며 손톱이 빠질 수 있다. 일종의 진균 염증 상태다. 큐티클을 깨끗이 정리 하고 약을 바르면 회복이 된다.

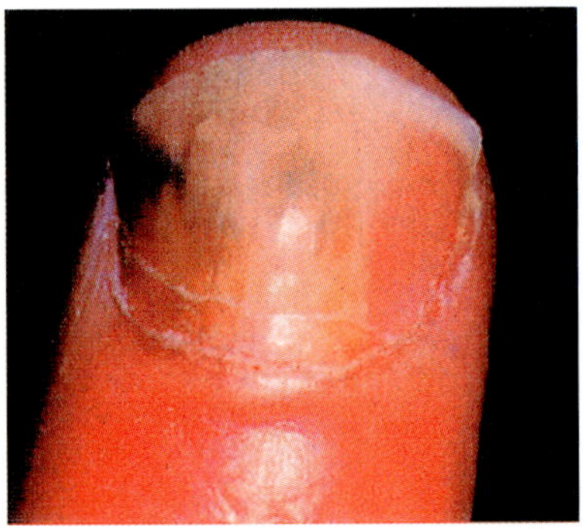

네일 펑거스(nail Fungus/버섯균균/진균)

② 네일 몰드(nail mold/곰팡이균, 사상균증)

자연 손톱과 인조 손톱 사이에 습기가 스며들어 생겨나는 일종의 진균염증 (곰팡이) 상태이다. 필인fill - in 또는 터치 업touch - up을 제대로 하지 않거나 Tip을 붙일 때 공기가 들어가면 생길 수 있다. 손톱이 처음에는 황록색으로 변하고 흑색으로 되었다가 검은색으로 변한다. 나중에 손톱이 물러지고 냄새도 심하게 나며 빠질 수도 있다. 몰드 증상이 있는 고객은 반드시 치료를 받을 수 있도록 권해야 한다.

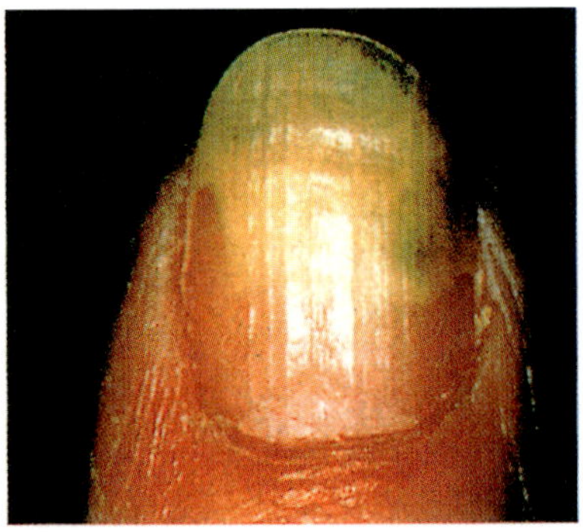

네일 몰드(nail mold/곰팡이균, 사상균증)

③ 오니키아(onychia/조염)

네일 밑에 살이 감염되어 붉어지거나 고름이 생기는 증상을 말한다. 소도구를 제대로 위생 처리하지 않고 사용 할 때 생길 수 있다.

④ 오니코그라이포시스(onychogryhosis/조갑구만증)

손톱의 만곡이 확장되어 커지는 현상이다. 손톱이 두꺼워지고 구부러지다가 손가락이나 발가락 끝 밖으로 확장된다. 염증을 비롯하여 손톱의 피부 속으로 자라면 통증을 동반한다. 원인은 아직 밝혀지지 않고 있다.

⑤ 파로니키아(paronychia/조갑주위염)

손톱 주위의 조직에 박테리아가 감염된 상태이다. 손톱주위의 살이 빨개지며 부어오르고 살이 물러진다. 위생처리가 되지 않는 도구를 사용했을 때나 큐티클을 심하게 잘라냄으로써 생긴다.

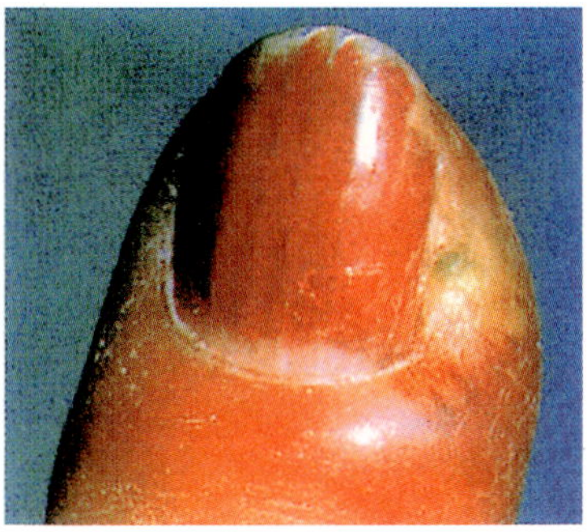

파로니키아(paronychia/조갑주위염)

⑥ 오니코마이코시스(onychomycosis)

진균류가 손톱의 프리 엣지 부분으로 침투하여 뿌리방향으로 퍼져 나가 성장을 억제한다.

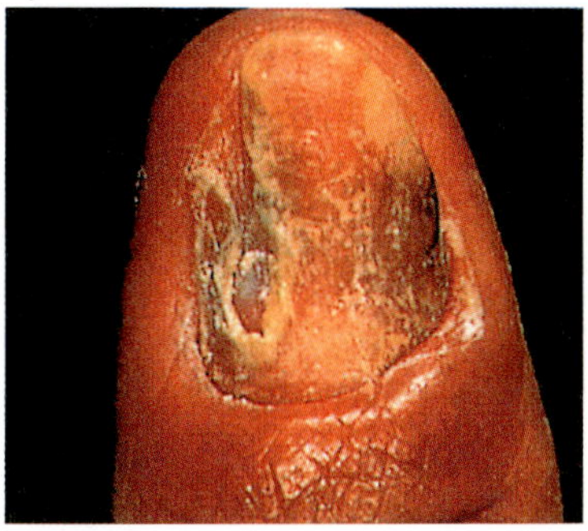

오니코마이코시스(onychomycosis)

It creates

Nail

Beauty Art

Chapter 02

네일 테크닉

1. 네일 케어 재료와 사용방법
2. 손톱 모양과 파일 사용법
3. 마사지(massage)
4. 습식 매니큐어
5. 패디큐어(pedicure)
6. 네일 팁(nail tips)
7. 네일 랩(nail wraps)
8. 실크 익스텐션(silk extension)
9. 아크닐 네일(acrylic nails)
10. 젤 네일
11. 왁싱

1
네일케어 재료와 사용방법

1) 네일기구

(1) 시술 가능한 작업 테이블과 의자

조정 가능한 40W의 램프가 있는 테이블과 고객이 편안하게 시술받을 수 있는 의자가 있어야 한다. 화학제품에 부식이 없는 재질로 선택하고 제품과 도구를 구비 할 수 있는 공간이 있어야 한다.

작업 테이블과 의자

(2) 재료 정리대(supply tray)

네일 케어와 아트에 들어가는 네일 기구들을 정리해 놓을 수 있는 쟁반이 필요하다.

(3) 습식 소독기(wet sanitizer)

도구의 소독을 위해 준비해야 하는 용기이다. 소독기에다 알코올과 물을 담고 메탈 푸셔, 니퍼 등을 담가 소독한다.

(4) 핑거볼(finger bowl)

대부분 플라스틱으로 되어있으며 큐티클(cuticle)을 불리기 위해 사용되며 미온수를 사용한다.

핑거볼

(5) 고객용 팔 받침대와 작업 받침대

고객이 시술받는 동안 손목과 팔목이 아프지 않게 받쳐주는 받침대이다.

고객용 팔 받침대와 작업 받침대

(6) 젤 램프

네일컬러를 빨리 건조시키기 위해 사용되는 기구이다.

젤 램프

(7) 네일 드릴(nail drill)

네일드릴에 네일용 비트를 끼워 인조네일 제거 작업인 쏙오프soak off를 하거나 전처리 작업인 프리퍼레이션, 네일케어, 굳은살 관리(손, 발) 등을 관리하는 전동기기이다.

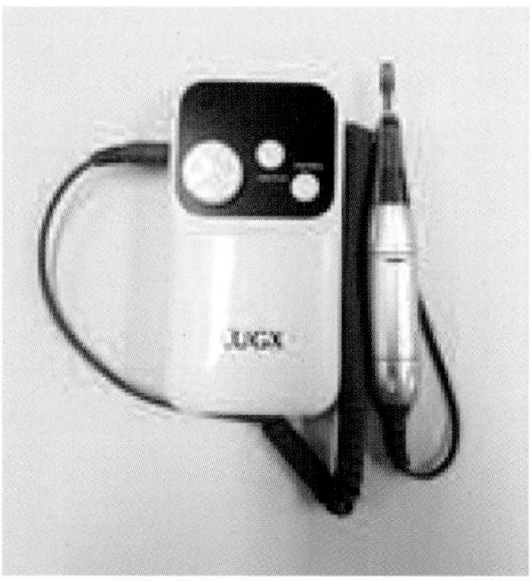

네일 드릴(nail drill)

2) 네일 소도구

(1) 오렌지 우드 스틱(orange wood stick)

오렌지색의 스틱으로서 큐티클을 밀어 올릴 때나 에나멜을 바르고 나서 가장자리를 정리할 때 쓰인다. 1회용으로써 사용하고 난 후에 폐기처분해야 한다.

오렌지 우드 스틱

(2) 큐티클 푸서(cuticle pusher)

큐티클을 밀어 올릴 때 사용하는 도구로서 메탈로 된 것과 스톤으로 된 푸서가 있다. 큐티클을 밀어 올릴 때는 손톱이 손상되거나 흠이 생기지 않도록 조심해서 사용하여야 한다.

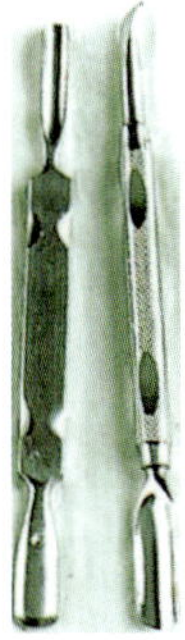

큐티플 퓨셔

(3) 큐티클 니퍼(cuticle nipper)

밀어 올린 큐티클을 잘라낼 때 사용하는 가위이다. 피부에 손상을 줄 수 있는 도구이므로 반드시 주의해서 사용하여야 하고 타인에게 질병을 감염시킬 수 있기 때문에 반드시 소독해서 사용해야한다.

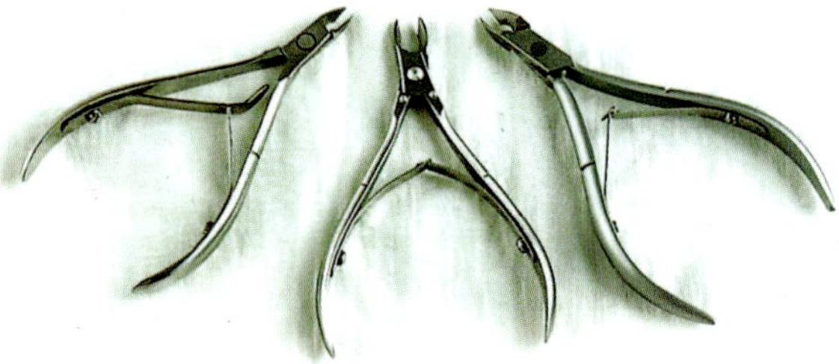

큐티플 니퍼

(4) 클리퍼(clippers)

자연 네일이나 인조 네일의 길이 조절을 할 수 있는 도구이다.

클리퍼

(5) 손톱용 가위(nail scissor)

실크나 린넨을 자를 때 쓰인다.

손톱용 가위

(6) 에메리 보드(emery board)

손톱의 길이나 모양을 만들 때 사용된다. 에메리보드는 여러 가지의 종류가 있으며 사용목적에 따라 각각 사용된다.

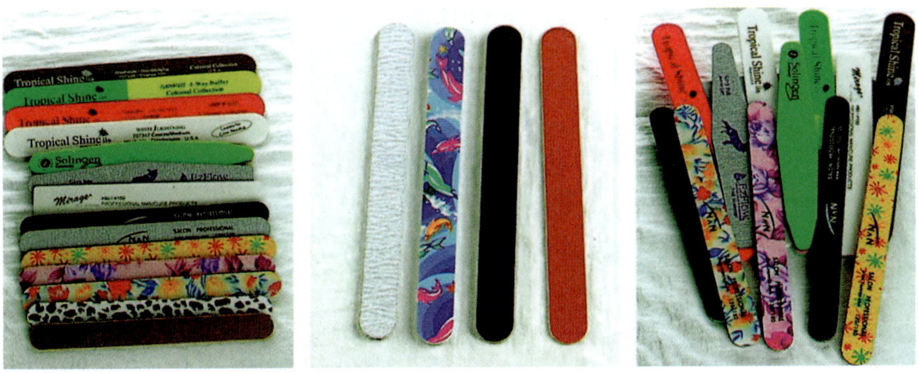

에메리 보드

(7) 네일 버퍼(nail buffer)

손톱의 미를 위해 광택을 내는 도구이다. 버퍼는 각각 다른 입자로 구성되며 블랙버퍼와 3way 버퍼가 있다.

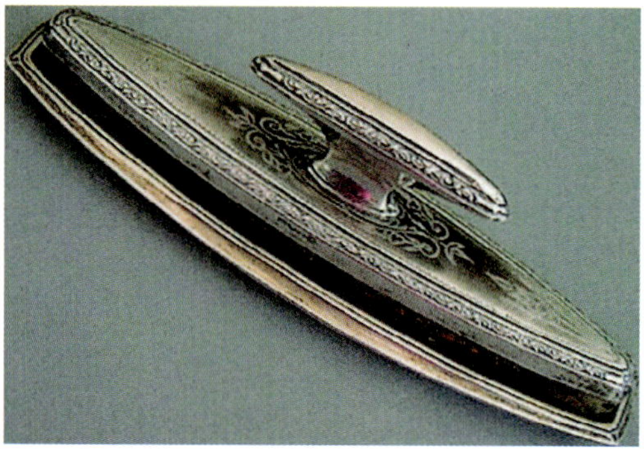

네일 버퍼

(8) 네일 브러시(nail brush)

큐티클과 프리 엣지 부분의 찌꺼기를 청소하는데 사용되는 도구이다.

네일 브러시

(9) 디스트 파일(disk files)

다양한 모양으로 되어 있는 것이 있는데 손톱의 거스러미를 제거할 때 쓰인다.

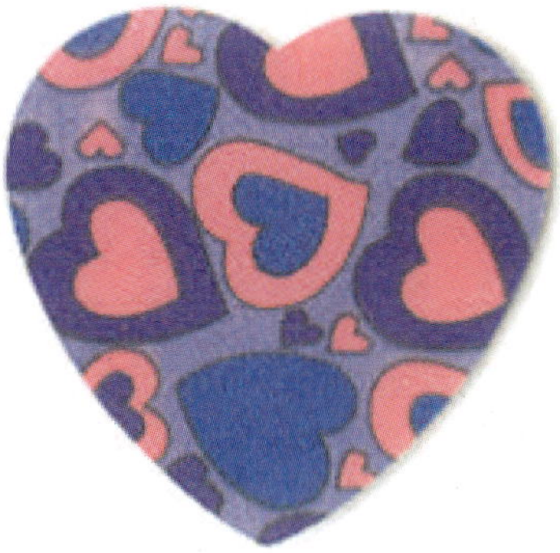

디스크 파일

3) 네일 재료

(1) 솜(cotton)

네일 에나멜이나 다른 제품을 제거할 때 쓰인다.

(2) 종이 타월(paper towel)

수건 위에 종이타월을 깔고 시술한다. 일회용으로 되어 있어 즉시 교체해 준다.

(3) 비닐 주머니

시술하는 중에 생기는 오물을 일시적으로 담아 놓기 위해 작업대 옆에 부착한다.

(4) 스파튤라(spatula)

핸드마사지 크림이나 큐티클 크림을 덜어낼 때 사용하는 제품이다. 손으로 하면 위생적이지 못하기 때문에 반드시 스파튤라를 사용한다.

(5) 지혈제(stoptic liquid powder)

시술시 일어나는 출혈을 멈추게 하는 제품이다. 액체 또는 분말로 된 것이 있다.

지혈제

(6) 알코올(alchoal)

기구들을 소독하는데 쓰인다.

4) 네일 제품

(1) 살균비누(antibacterial soap)

고객의 손에 있는 세균을 제거하는데 쓰이는 제품이다. 고객의 손과 손톱을 부드럽게 한다.

(2) 소독제(antiseptic)

고객의 손을 소독하는데 쓰인다. 솜에 소독제를 묻혀 고객의 손에 있는 이물질을 닦아낸다.

(3) 큐티클 용해제

매니큐어 시술 전 큐티클을 부드럽게 만들어 주는 역할을 한다.

(4) 네일 화이트너(nail whitener)

손톱의 밑 부분과 프리 엣지 부분을 하얗게 하는데 사용된다.

(5) 네일 표백제(nail bleach)

손톱을 하얗게 만드는 기능을 한다.

(6) 팔리시 리무버(polish remover)

에나멜을 제거할 때 사용된다. 주성분은 비타민E와 아세톤으로써 손톱의 수분증발을 더디게 진행시킨다. 주로 보통의 손톱에 사용되며 손톱이 약하거나 민감한 손톱일 경우 논아세톤(Non–acetone: 아세톤이 들어 있지 않은 것)을 사용한다.

(7) 핸드로션(hand lotion)

손에 유분과 수분을 공급해주는 기능으로 손이 건조하거나 마사지를 할 때 사용한다.

(8) 네일 보강제(nail hardner)

손톱이 약하거나 찢어진 경우 네일 보강제를 사용하여 튼튼하게 만들어 주는 역할을 한다.

(9) 베이스 코트(base coat)

에나멜을 바르기 전 발라주는 제품이다. 네일이 누렇게 변색되는 것을 막아주며 에나멜을 잘 밀착시키는 역할을 한다. 바를 때는 얇게 바르는 것이 중요한 포인트이다. 주요성분은 에틸아세테이트, 부틸 아세테이트, 이소프로필 알코올 등으로 구성되어 있다.

베이스 코트

(10) 네일 팔리시/네일 에나멜(nail polish/nail enamel)

네일 팔리시라고도 하며 네일 에나멜이라고 한다. 여러 가지 색상을 가지고 있으며 손톱에 색상을 입히는 것이 네일 팔리시&에나멜이다. 바를 때 2번 정도 두껍지 않게 바르는 것이 포인트이다.

네일 팔리시

(11) 톱 코드(top coat)

네일 팔리시를 바르고 위에 덧발라주는 제품이다. 팔리시를 선명하고 빛나게 하는 것이 특징이고 바를 때 얇게 발라주는 것이 포인트이다. 너무 많이 바르면 두껍게 되어 보기 좋지 않다.

톱 코드

5) 패디큐어 기구, 도구 및 제품

(1) 패디큐어 스테이션(pedicure station)

고객의 발을 세척하는 기능을 가지고 있을 뿐만 아니라 발의 피로를 풀어주는 스파 기능도 가지고 있다. 고객이 편안하게 쉴 수 있도록 하는 종합기기이다.

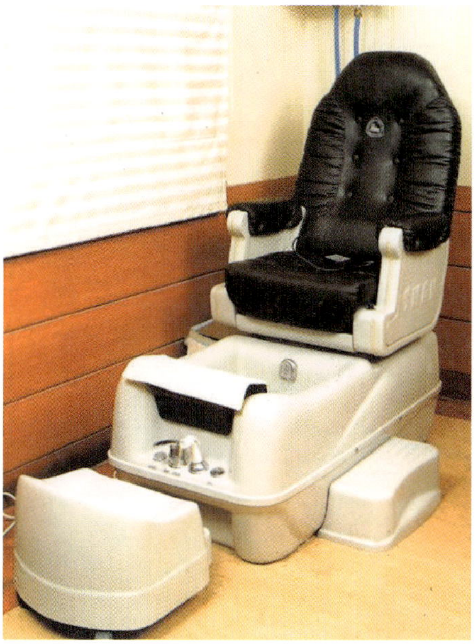

페디큐어 스테이션

(2) 토우 세퍼레이터(toe separators)

패디큐어를 할 때 발가락이 부딪히는 것을 방지하기 위해 끼우는 발가락 분리기이다.

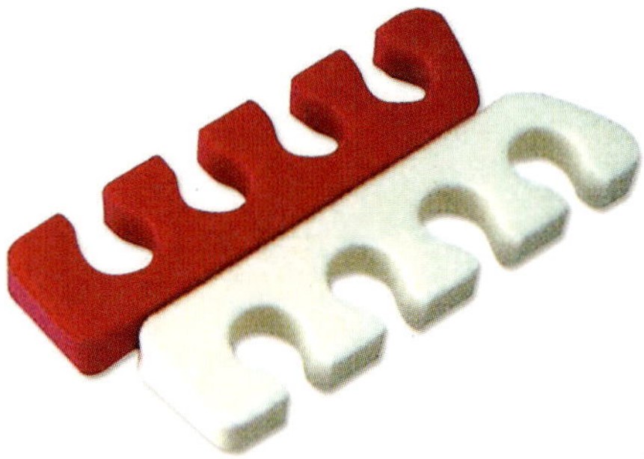

토우 세퍼레이터

3) 패디파일(pedi file)

굳은살을 부드럽게 해주고 매끄럽게 해 주는 파일이다 사용할 때 로션을 묻혀 사용한다.

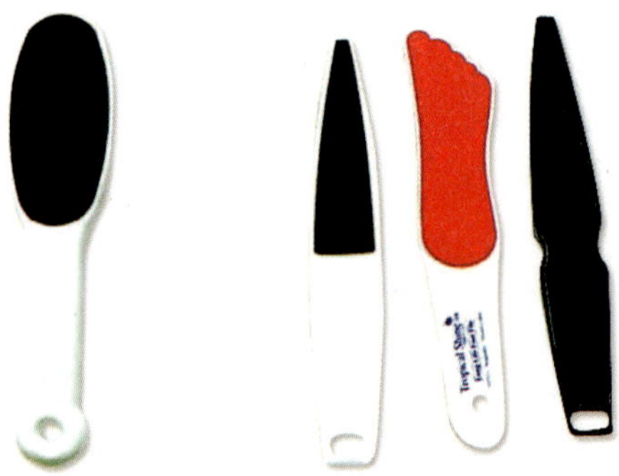

패디파일

(4) 패디로션(pedi lotion)

발에 있는 굳은살을 제거하는데 쓰인다.

면도날이 부착되어 있어 조심스럽게 사용한다.

(5) 패디큐어 슬리퍼

패디큐어를 시술할 때 발에 이물질이 묻지 않도록 한다.

(6) 콘 커터

발바닥 및 뒤꿈치의 딱딱한 각질 제거용으로 사용한다.

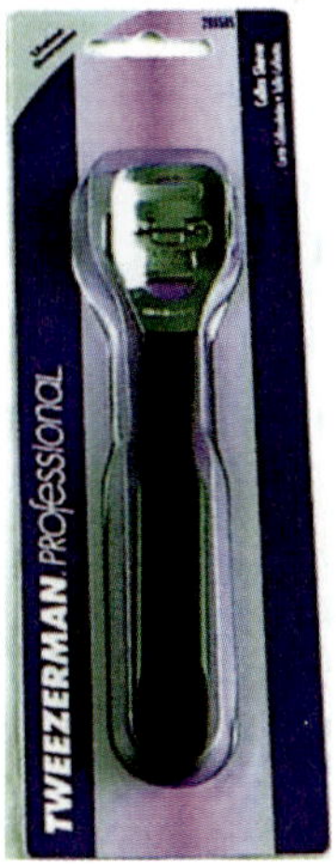

콘 커터

6) 네일 테이블 준비 절차

① 작업 테이블은 청결하고 깨끗하게 유지되어야 하고 시술에 사용되는 기기, 도구, 제품들이 있는지 미리 준비해야 하고 점검해야 한다.

② 테이블은 소독용 알코올로 닦아준다.

③ 타월을 깔고 종이 타월을 깐 다음 쿠션을 알맞은 위치에 놓는다.

④ 습식 소독기에 솜을 깔고 물과 알코올을 넣은 다음 기구들을 담가둔다.

⑤ 모든 제품에 이름표가 붙여져 있는지 확인한다.

⑥ 테이블 옆에 일회용 비닐주머니를 달아 놓는다.

⑦ 준비가 다 되었는지 다시 한번 체크한다.

2

손톱 모양과 파일 사용법

1) 손톱의 모양

(1) 손톱의 모양

고객의 직업, 손과 손톱의 모양, 길이와 굵기를 고려하여 선택 할 수 있도록 해야 한다.

① 네모형(스퀘어 쉐입/square shape)

- 손톱의 양쪽 모서리만 다듬어진 상태를 말한다.
  활동적인 직업을 가졌거나 손톱 끝을 많이 사용하는 사람이 적당하다.
  비서직, 컴퓨터 종사자들에게 적합하며 파일을 90° 각도로 쥐고 시술한다

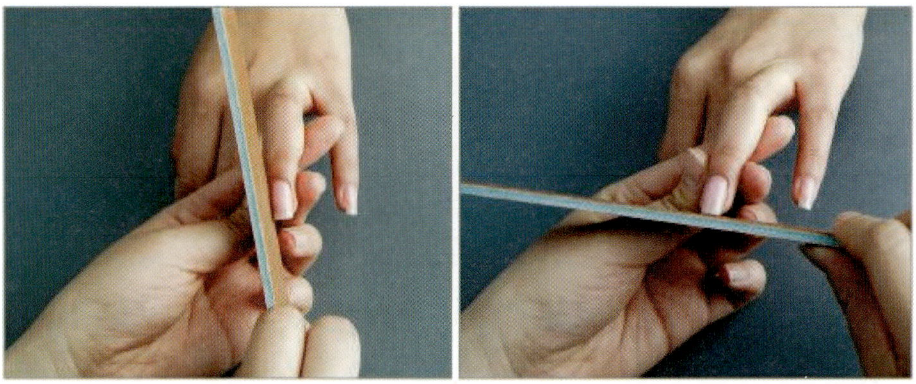

네모형

② 둥근형(round shape)

- 손톱의 양쪽 모서리를 둥글게 다듬은 상태를 말한다.
- 파일은 45° 각도로 파일링 한다.
- 남성들이 선호한다.

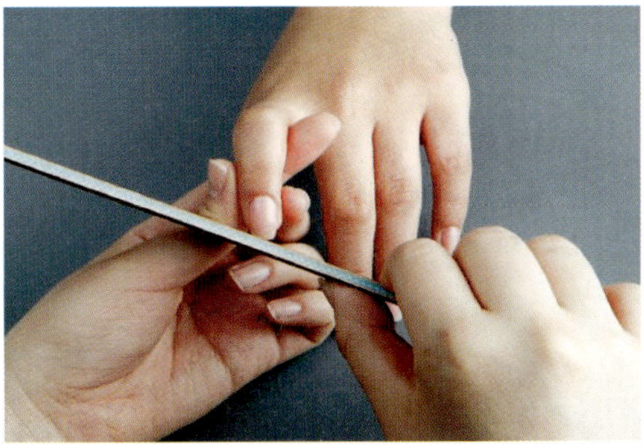

둥근형

③ 타원형(oval shape)

- 손톱의 양쪽 모서리를 스퀘어에서 라운드로 다듬은 상태를 말한다.
- 여성들이 선호하며 15° 각도로 파일링 한다.
  손을 많이 보여주는 직업을 가진 여성들에게 적합하다.

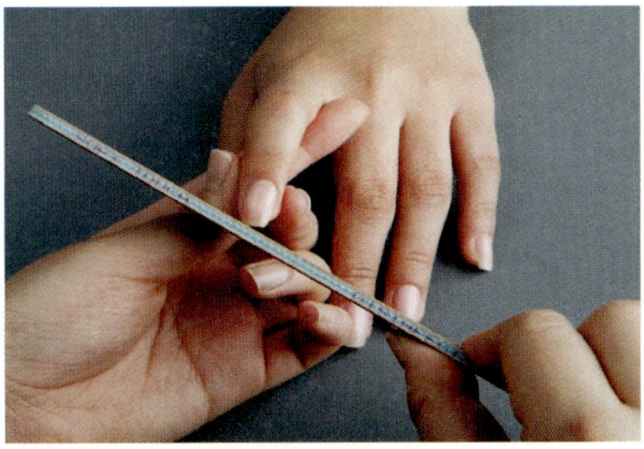

타원형

④ **송곳형(pointed shape)**

- 손톱의 오벌에서 라운드로 길게 다듬은 상태를 말한다.
- 파일은 180° 각도로 완전히 눕혀서 수평으로 갈아준다.
- 손가락이 가늘어 보이지만 폭이 좁아 잘 부러지는 단점이 있다.

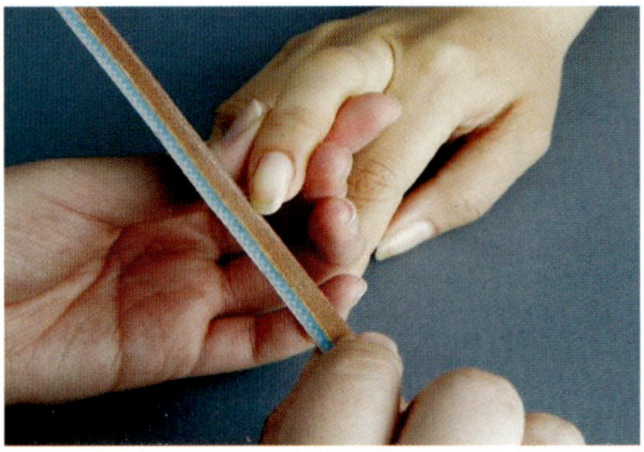

송곳형

네일의 형태

(2) 팔리시 바르는 방법

팔리시는 손톱에 색채와 광택을 부여함으로써 손톱을 아름답게 가꾸어 주는 역할을 한다.

* 병 잡는 방법

① 베이스코트를 바른 후 2회에 걸쳐 발라 준다.

② 시술자가 시술하기 편한 손의 소지에서 시작하여 반대쪽 손의 엄지에서 끝낸다.

③ 시술자의 왼쪽 손가락의 엄지, 검지, 중지 세손가락은 고객의 손가락 끝을 쥐고 약지와 손지를 사용하여 팔리시를 사용한다.

④ 오른손으로 병을 열고 브러시는 연필 잡듯이 잡는다.

⑤ 왼손 소지와 오른손 소지를 마주대어 팔리시 바르는 동안 손이 흔들리지 않도록 자세를 고정 시켜주는 역할을 한다.

⑥ 팔리시 브러시는 손톱의 45° 각도가 가장 적당하다.

* 팔리시 바르는 순서는 2가지 방법이 있다. 편리한 방법을 선택하여 시술한다.
  - 팔리시 바르는 방법 (1)

① 베이스코트 바른다.

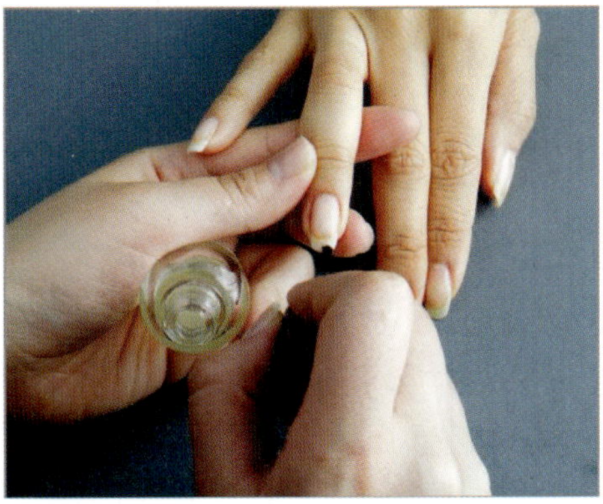

팔리시 바르는 방법 ①

② 네일의 중앙 부분을 바른다.

팔리시 바르는 방법 ②

③ 모서리 부분을 바른다.

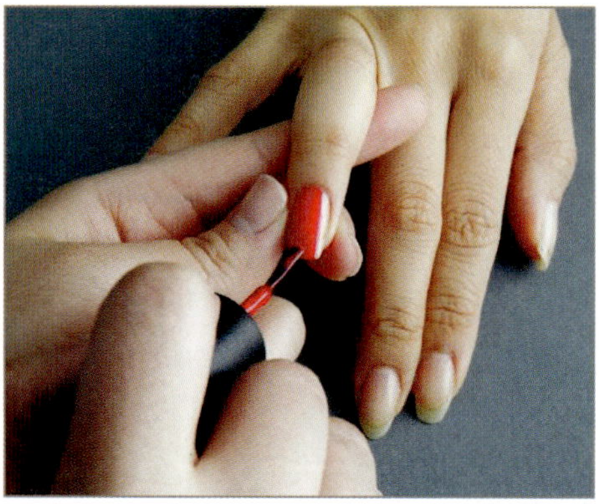

팔리시 바르는 방법 ③

④ 오른쪽 부분을 바른다.

팔리시 바르는 방법 ④

⑤ 마지막으로 프리 엣지(Free edge)까지 마무리 해준다.

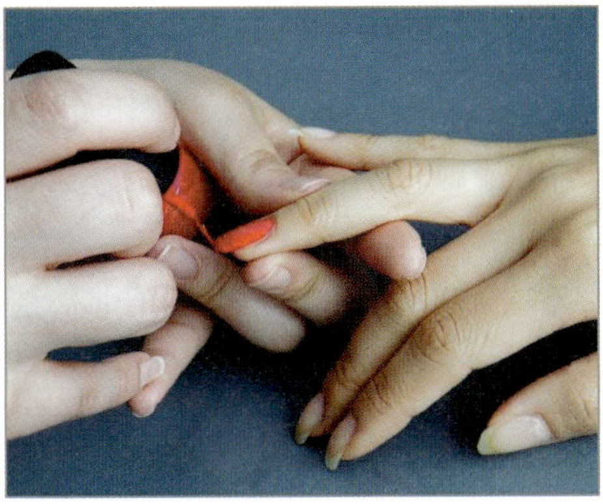

팔리시 바르는 방법 ⑤

⑥ 2차도 처음 바른 팔리시가 어느 정도 건조된 후 다시 한번 덧바른다.

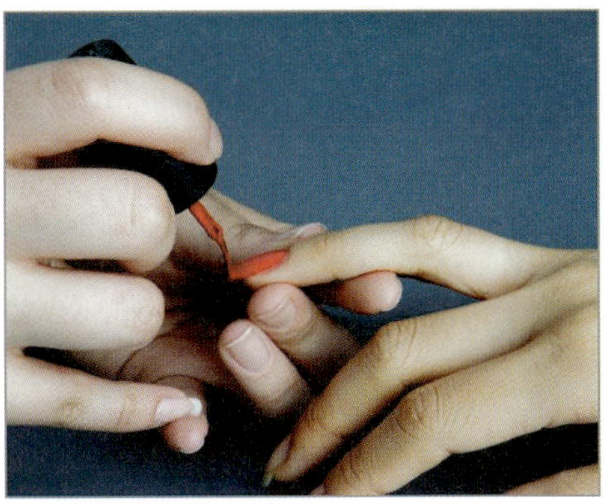

팔리시 바르는 방법 ⑥

⑦ 톱 코트를 바른다.

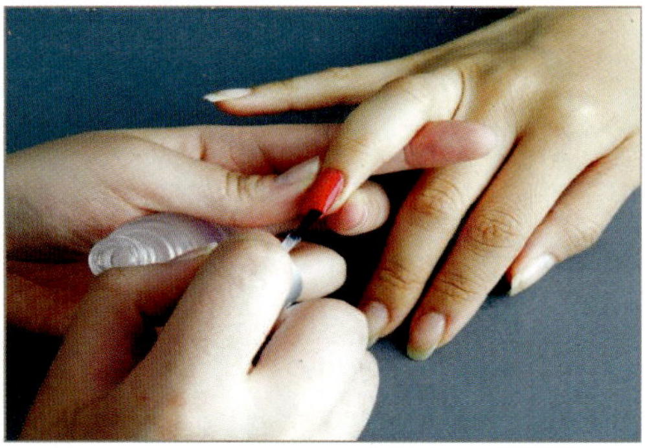

팔리시 바르는 방법 ⑦

* 팔리시 바르는 방법 (2)

① 전체코트(full coat): 손톱 표면 전체에 바르는 것

② 프리 엣지 코트(free edge coat): 손톱이 자라난 하얀 부분, 즉 잘라내는 부분을 프리 엣지라 하며 물건을 잡을 때, 가장 먼저 닿는 부분이므로 팔리시가 상하기 쉽기 때문에 바르지 않는다.

③ 헤어라인 코트(hair line Coat): free edge coat와 같은 이유며 전체 coat 후에 미세한 끝부분의 polish만 제거해 준다.

④ 슬림 라인/프리웰(slim line or free wall): 좁고 가늘게 보이도록 팔리시를 바르는 방법이며 단 옆선만 조금 남겨 시술한다.

⑤ 루눌라 코트(lunula coat): 손톱의 하얀 부분에는 칠하지 않고 나머지 부분에만 칠하는 방법.

팔리시 바르는 순서

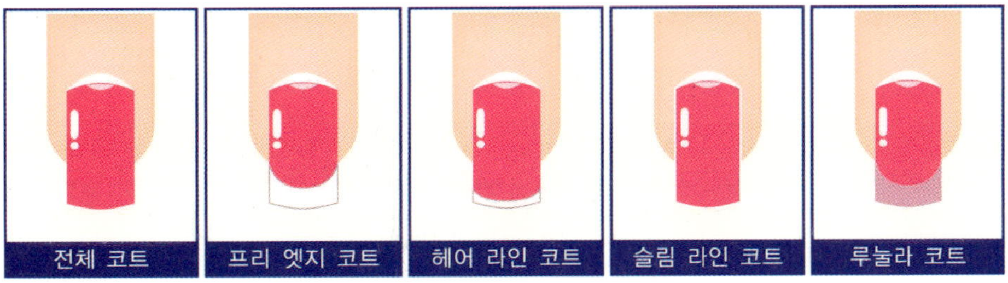

팔리시 바르는 방법

3

마사지(massage)

1) 마사지의 정의

마사지란 고대 그리스어의 "Masso"에서 유래된 용어로 신체를 마찰하거나 두드리거나 주무르는 행위("반죽하다", "쓰다듬다", "주무르다")의 뜻을 지니고 있다. 마사지는 손가락과 손바닥의 피부를 이용, 각종 손놀림과 마찰로서 피부에 적당한 물리적 자극을 주어 피부와 근육의 신진대사를 촉진시키는 방법이다.

(1) 마사지의 효과

① 접촉을 통해서 긴장된 근육을 풀어주고 심신의 안정을 부여한다.

② 한선과 피지선을 촉진하여 윤택한 피부를 만들어 준다.

③ 혈액과 림프의 순환을 촉진하여 준다.

④ 스트레스로 인한 조직의 경직성을 완화시키고 피부조직을 부드럽게 한다.

⑤ 피부에 자극하여 피부를 탄력이게 한다.

⑥ 피부에 신진대사를 촉진

⑦ 마찰을 통한 피부온도 상승으로 혈액 순환 촉진

(2) 마사지의 효과를 높이는 방법

① 주변 환경은 조용하고 깨끗해야 한다.

② 피부를 따뜻하게 한 후 마사지를 실시한다.

③ 스팀타월 후 마사지를 실시한다.

④ 지압법을 실시한다.

2) 손 · 팔의 마사지

① 쓰다듬기 I

손바닥을 이용해 손바닥에서 손가락 쪽으로 가볍게 쓰다듬기

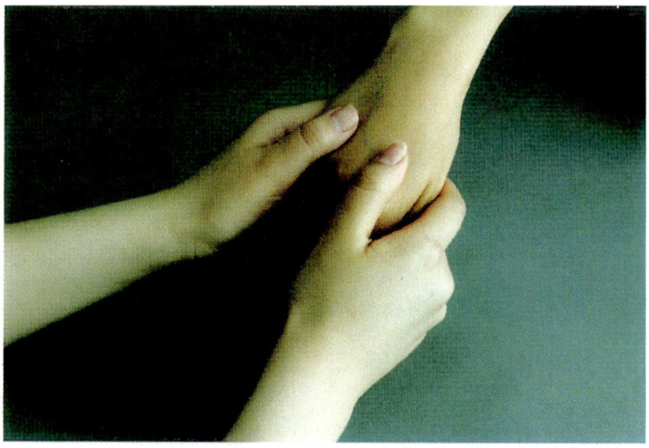

쓰다듬기 I

② 쓰다듬기 II

살짝 주먹을 쥐고 손등에서 손가락 쪽으로 약간 압을 주며 쓰다듬어준다.

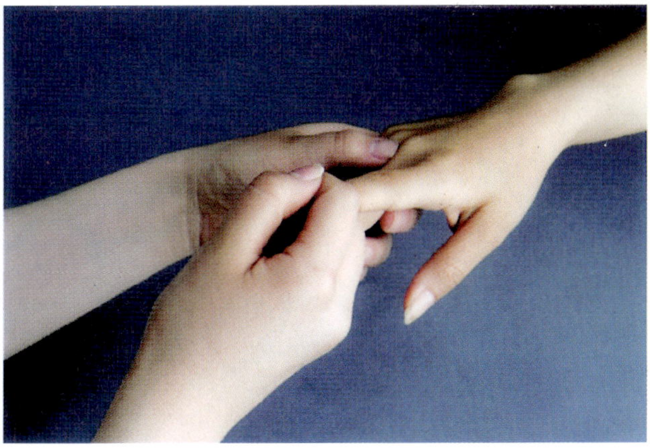

쓰다듬기 II

③ 쓰다듬기 III

손바닥을 피고 손등에서 손가락 쪽으로 쓰다듬어 준다(6회 실시).

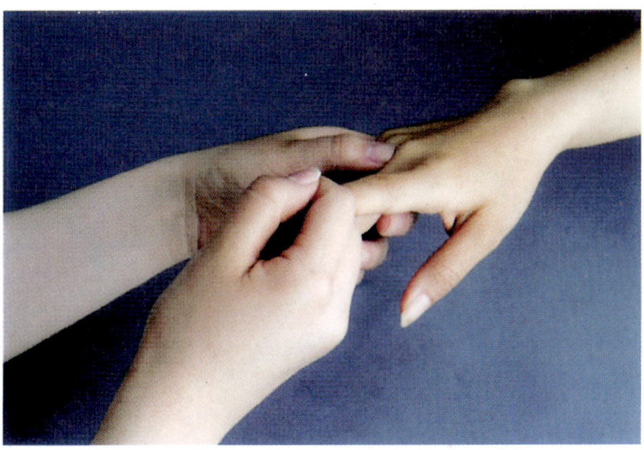

쓰다듬기 III

④ 손바닥 안마

손바닥 전체를 가볍게 쳐준다.

손바닥 안마

⑤ 손목 돌려주기

다른 한손은 손목을 받치고 한손은 손가락을 낀 다음 손목을 가볍게 돌려준다.

손목 돌려주기

⑥ 손등 문지르기

양손을 이용하여 손등을 문질러 준다.

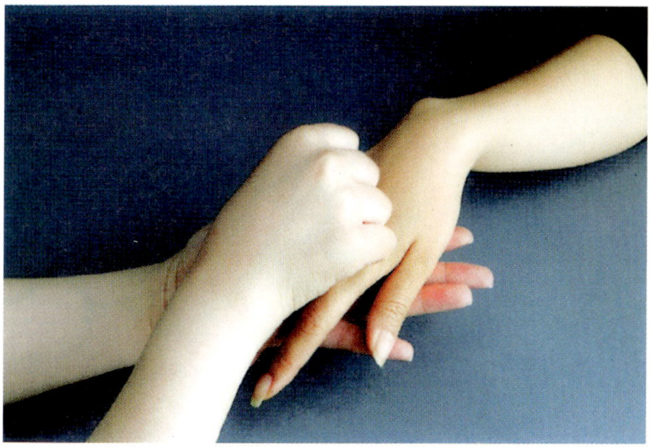

손등 문지르기

⑦ 손가락 튕기기

다른 한 손은 고객의 손을 잡고 한 손은 관절에서부터 시작하여 손가락을 가볍게 튕겨준다.

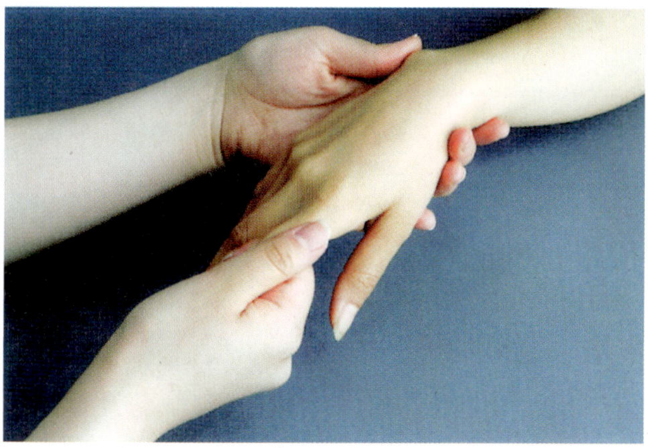

손가락 튕기기]

⑧ 손관절 누르기

손가락과 손가락 사이의 관절을 지그시 눌러주면서 마사지한다.

⑨ 가볍게 두드리기

전체적으로 손을 가볍게 두들겨 튕겨준다.

가볍게 두드리기

⑩ 팔마사지 하기

시술자의 왼손으로 팔꿈치 부분을 잡고 오른손으로 손목을 잡아 돌려준다.

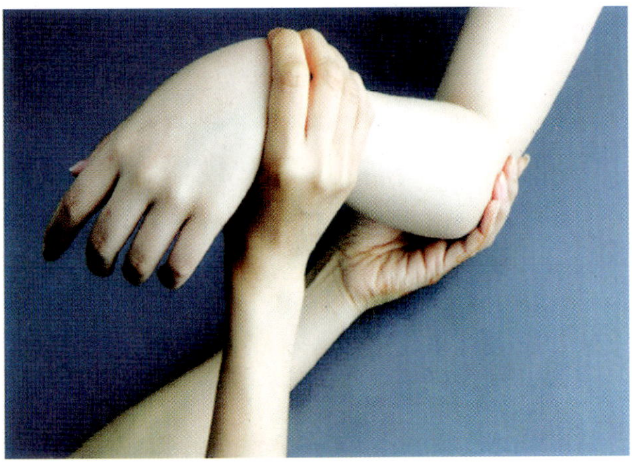

팔마사지 하기

3) 발의 마사지

① 첫 번째 동작

한 손으로는 고객의 발을 잡고 다른 한손으로는 고객의 발꿈치를 잡아 쓰다듬으면서 마사지 한다.

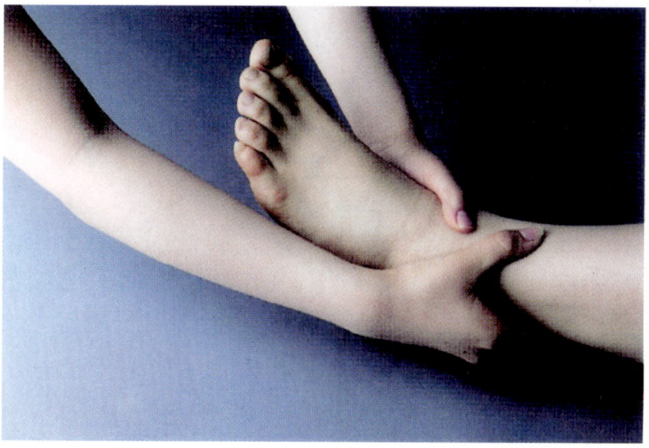

첫 번째 동작

② 두 번째 동작

두 손가락을 이용하여 발가락을 하나하나 잡아 튕겨준다.

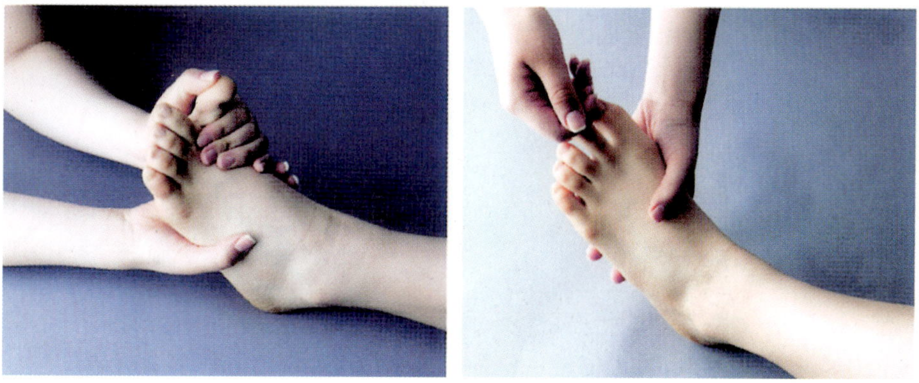

두 번째 동작

③ 세 번째 동작

두 손으로 발가락을 원을 그리듯이 마사지 해준다.

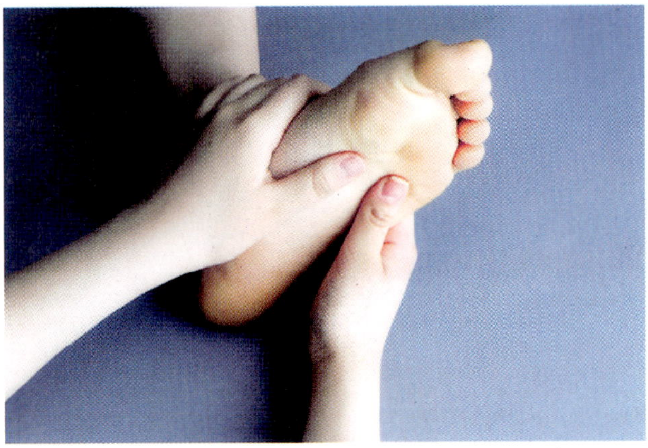

세 번째 동작

④ 네 번째 동작(고객의 발 스트레칭)

고객의 발을 뒤로 젖혀서 스트레칭 시켜준다. 손바닥을 이용하여 무릎 바깥쪽 부위에서부터 발가락까지 원을 그리며 마사지한다.

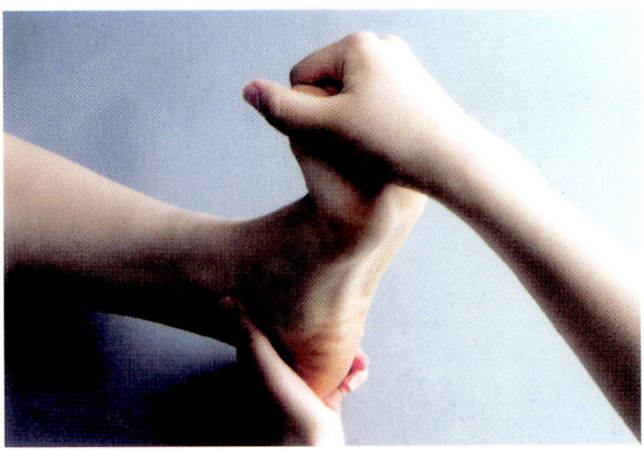

네 번째 동작

⑤ 다섯 번째 동작

손으로 발가락 사이사이의 관절을 눌러 주면서 마사지한다(혈액순환).

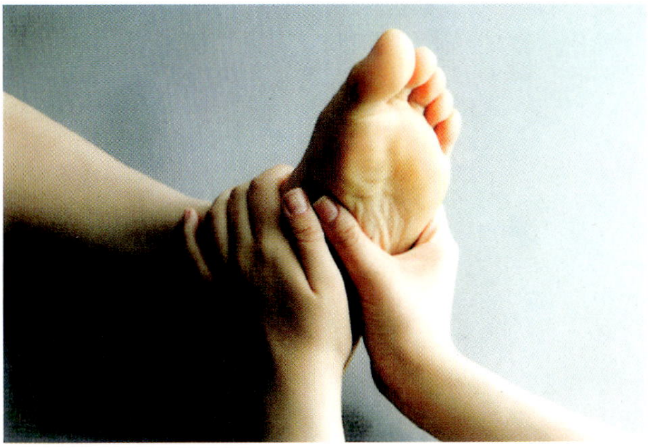

다섯 번째 동작

⑥ 여섯 번째 동작

지압점을 눌러 주면서 튕겨 마무리한다.

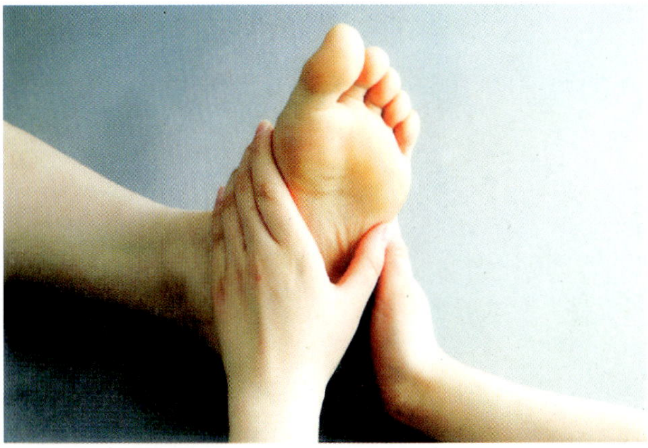

여섯 번째 동작

4

습식 매니큐어

습식 매니큐어 서비스는 네일리스트에게 가장 기본적인 것으로 보편화된 케어이다. 제 1부에서 설명한 바와 같이 매니큐어란 우리가 알고 있는 것처럼 색깔을 의미 하는 것이 아니라 손톱의 정리 및 손질법을 말한다. 매니큐어는 라틴어에서 유래 된 단어로는 manus는 Hand, cure는 Care, 그래서 hand care 즉 손의 손질법이라 할 수 있다.

1) 습식매니큐어 사전 준비

(1) 준비물

① **도구 및 기구**: 타월, 페이퍼 타월, 알코올, 핑거볼, 클리퍼, 에메리보드, 푸셔, 니퍼, 오렌지 우드 스틱, 습식소독기, 비닐 팩

② **재료**: 솜, 팔리시, 니퍼, 톱 코트, 베이스 코트, 큐티클 오일, 로션, 안티셉틱

준비물

(2) 사전 준비

① 테이블을 70%의 알코올로 닦아낸다.

② 위생처리된 타월을 깐다.

③ 습식에 사용할 모든 철재 도구는 20분 이상 알코올에 담가둔다.

④ 모든 제품은 라벨을 달고 적당한 크기의 받침대에 정돈해 둔다.

⑤ 테이블 한 모퉁이에 비닐 주머니를 달아둔다.

⑥ 핑거볼에 미온수를 채우고 살균비누를 푼다.

⑦ 시술자는 항균비누로 손을 씻는다.

(3) 습식 매니큐어 시술

① 손 소독

고객의 손에 시술자는 소독제(안티셉틱/알코올)를 묻혀 소독한다.

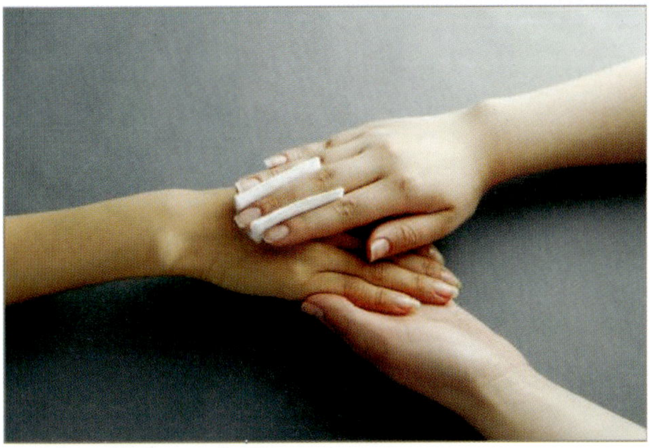

손 소독

② 팔리시 제거하기

리무버를 묻힌 솜을 가지고 5초 동안 손톱표면에 얹어 놓았다가 빠르게 새끼 손가락부터 닦아준다(팔리시가 번지지 않게 하기위해). 그런 후, 큐티클 부위나 프리 엣지에 남지 않도록 오렌지 우드 스틱 끝에 솜을 말아 리무버를 묻힌 후 닦아 준다.

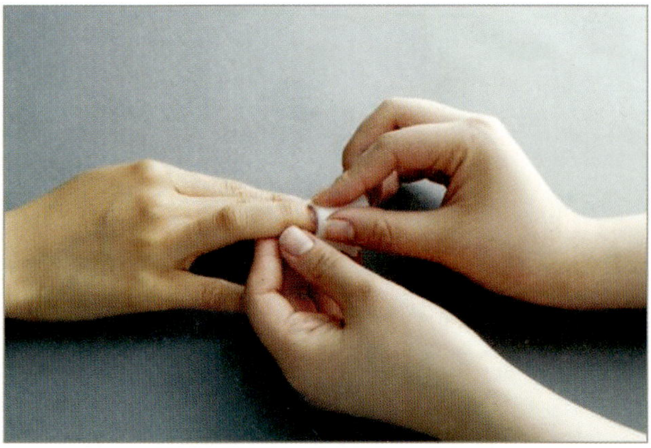

팔리시 제거하기

③ 고객의 손톱에 질병 상태를 파악한다.

④ 파일링/모양 만들기

시술 들어가기 전에 고객에게 네일 모양과 길이를 물어보고 결정 한 후 손톱을 파일링하고 모양shape을 잡는다. 시술자가 시술하기 편한 손의 소지부터 부드러운 면의 파일로 파일링 한다(양쪽 코너에서 반드시 중앙으로 한 방향으로 해야만 자연 네일이 상하지 않는다).

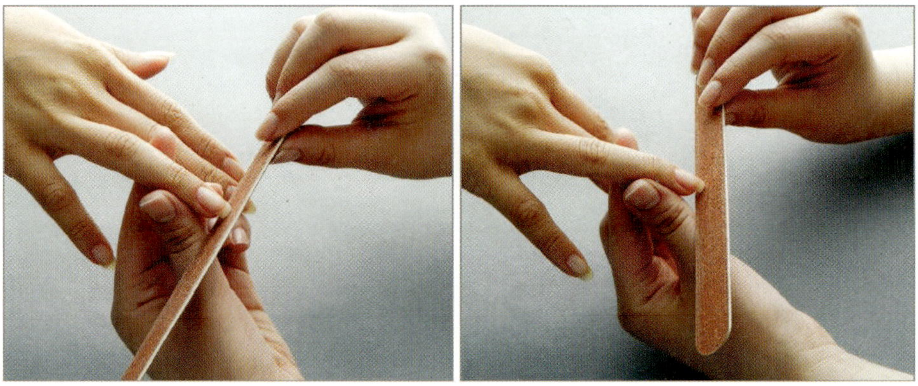

파일링/모양 만들기

⑤ 네일 표면 정리/거스러미 제거

네일 표면을 화이트 샌딩으로 부드럽게 해주고 파일링하고 난 거스러미를 라운드 패드나 사각 패드를 이용하여 프리 엣지 부분을 제거한다.

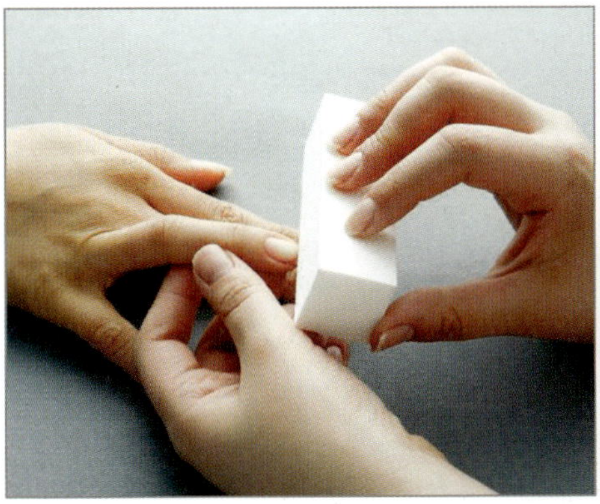
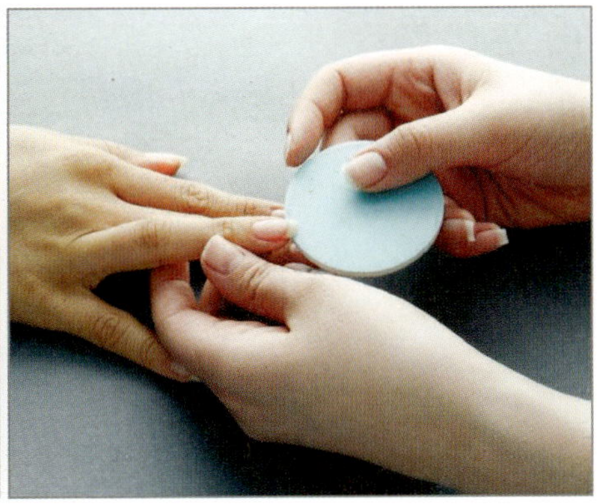

네일 표면 정리/거스러미 제거

TIP

화이트 샌딩 사용법

- 수직으로 가볍게 샌딩한다.
- 수평으로 가볍게 샌딩한다.
- 양쪽 가장 자리는 X 자 형태로 샌딩한다.

⑥ 핑거볼에 담그기

거스러미까지 제거한 다음에 핑거볼에 담가 3~5분 정도 큐티클을 불려 준다. 이때 물은 미지근한 항균 비눗물로 사용한다.

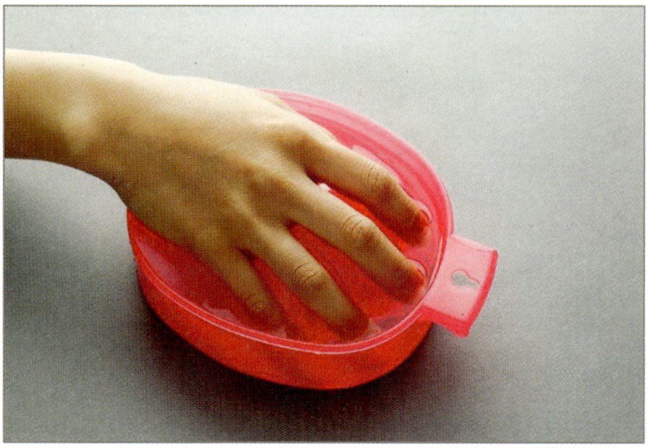

핑거볼에 담그기

⑦ 물기 닦아 내기

손에 있는 물기를 종이타월로 닦아낸다.

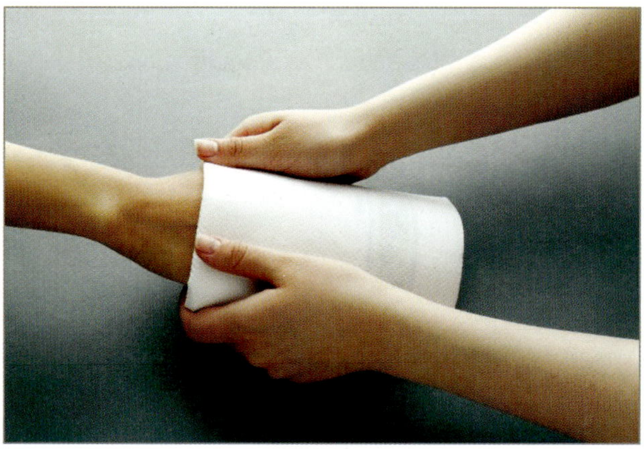

물기 닦아 내기

⑧ 나머지 한손을 핑거볼에 담근다.

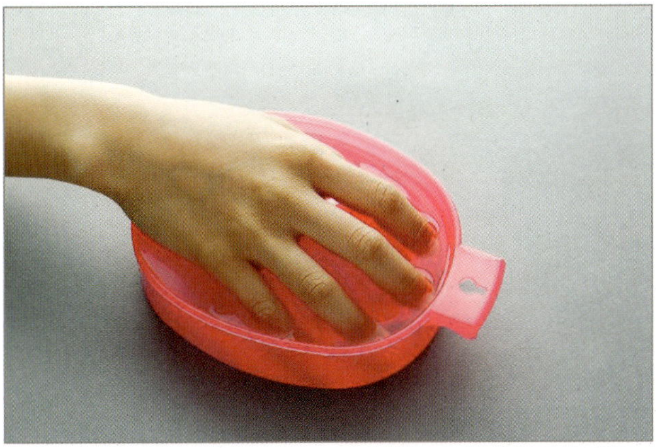

핑거볼에 담그기

⑨ 큐티클 오일을 바르기

큐티클이 유연하고 느슨하게 하기 위해 큐티클 부분에 큐티클 오일을 바른다. 바르고 난 다음 사용하지 않는 손으로 오일을 문질러준다.

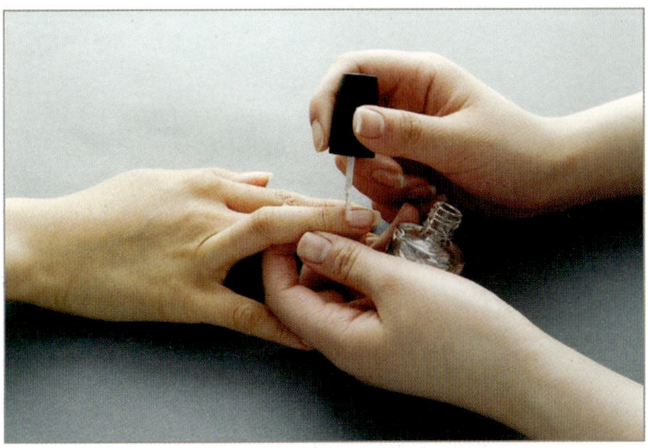

큐티클 오일 바르기

⑩ 큐티클 밀어 올리기

메탈 푸서를 이용하여 큐티클을 밀어준다. 이때 연필 잡는 식(45° 각도)으로 손에 힘을 빼고 손톱에 흠이 생기지 않게 밀어 준다

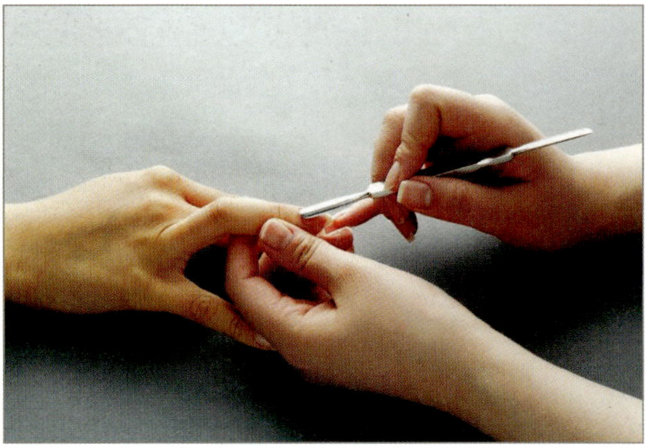

큐티클 밀어 올리기

⑪ 큐티클 정리하기

푸서로 밀어낸 큐티클을 니퍼를 사용하여 정리한다. 니퍼로 큐티클을 정리할 때 평행하게 잡고 정리하면 출혈이 생기지 않는다.

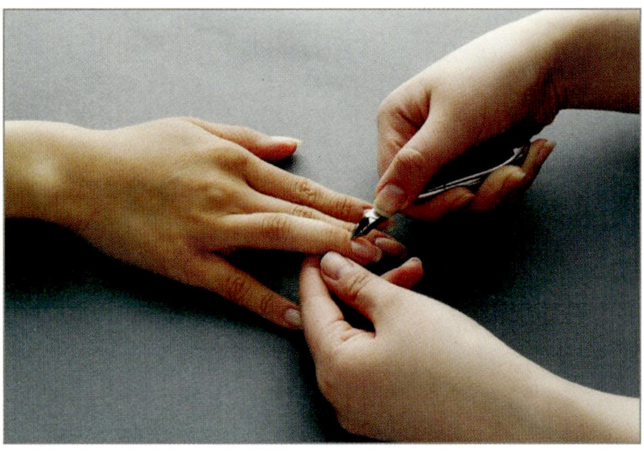

큐티클 정리하기

⑫ 다른 한 손도 정리하기

핑거볼에 담그고 있던 한손도 꺼내어 8~19번까지의 과정을 반복한다.

⑬ 오일 제거하기

손에 리무버를 묻혀 손톱에 묻어 있는 오일을 제거한다.

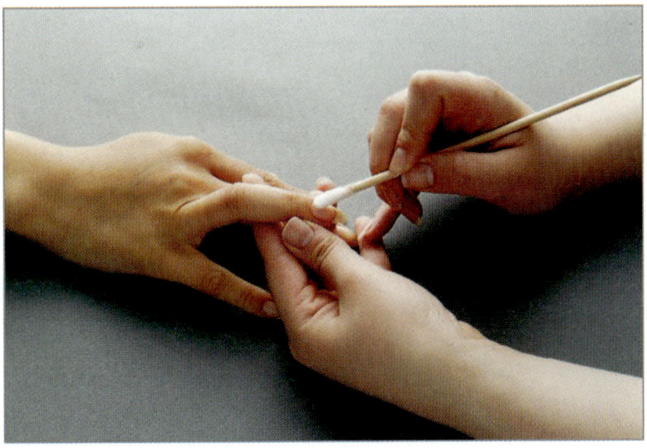

오일 제거하기

⑭ 큐티클 소독하기.

큐티클 부분에 소독제를 뿌려 큐티클에 세균이 들어가지 못하도록 소독한다.

큐티클 소독하기

⑮ 마사지하기

손에 적당량의 로션을 발라 원을 그리듯 마사지를 실시한다. 마사지는 손에 피로를 풀어줄 뿐 아니라 혈액순환을 촉진시키는 기능을 한다.

⑯ 로션 제거하기

손톱에 남아있는 로션을 오렌지 우드 스틱을 이용하여 제거한다(오렌지 우드 스틱에 솜을 말고 리무버를 묻혀 로션을 제거한다).

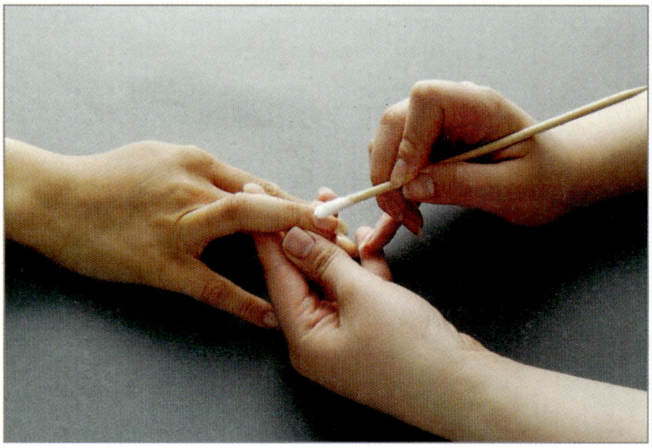

로션 제거하기

⑰ 베이스 코트 바르기

베이스 코트를 얇게 1회 바른다.

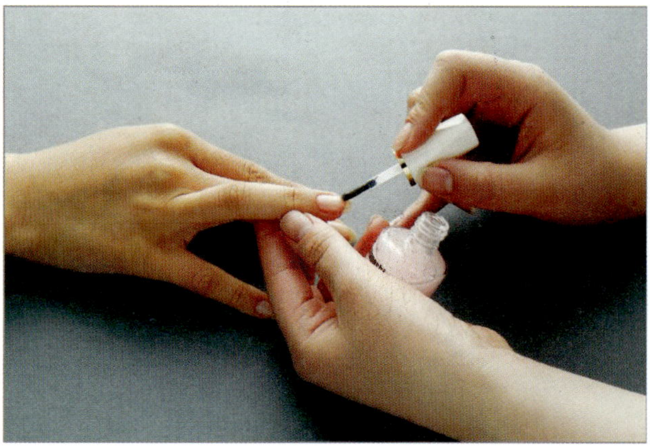

베이스 코트 바르기

⑱ 팔리시 바르기

팔리시를 2회 정도 반복하여 바른다.

팔리시 바르기

⑲ 톱 코트 바르기

톱 코트를 1회 정도 얇게 바른다. 너무 두껍게 바르면 손톱이 두껍게 보이므로 보기가 좋지 않다.

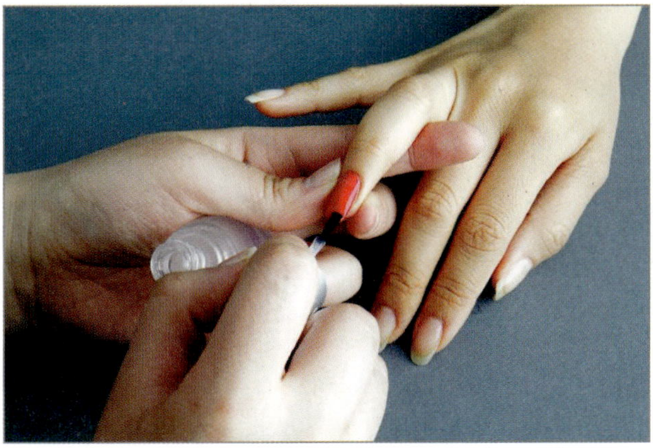

톱 코트 바르기

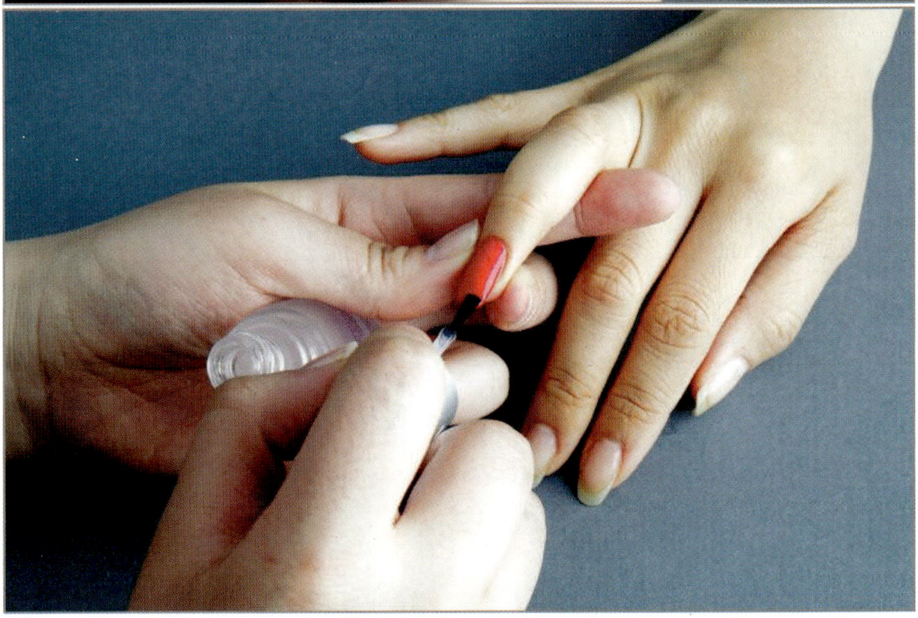

⑳ 완성

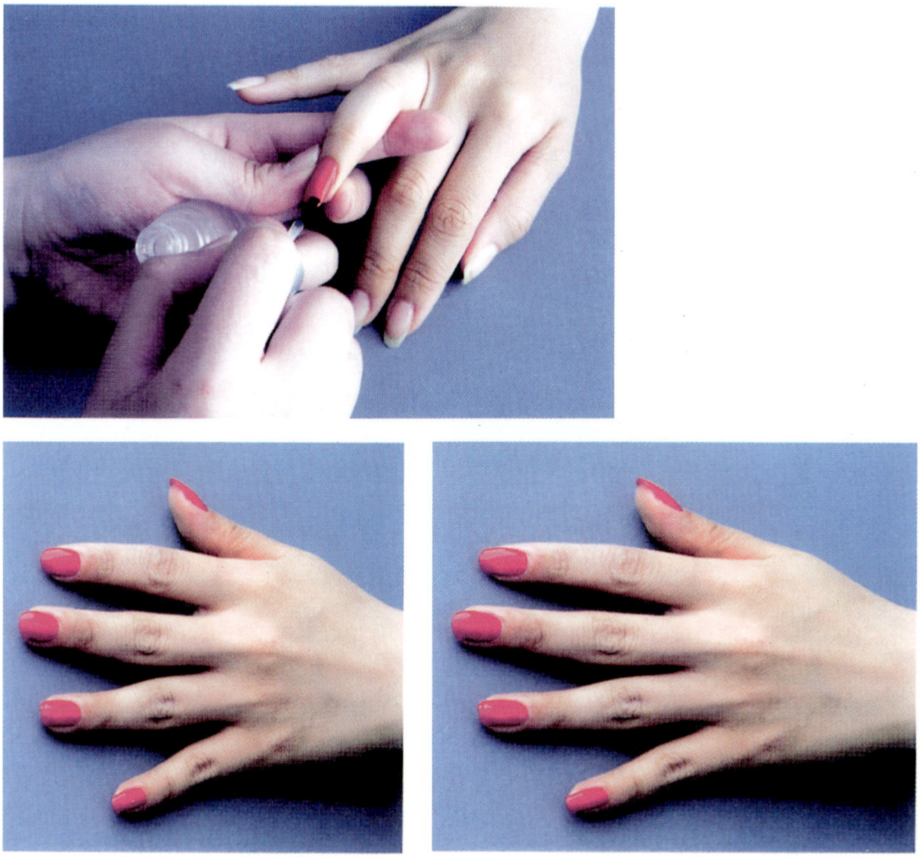

완성

2) 프렌치 매니큐어(french manicure)

투명색과 흰색 에나멜을 사용하여 손톱이 시원하고 내추럴하게 보이는 과정이다. 서로 조화를 이루는 2가지 이상의 색상을 개성에 맞게 연출하기도 하며 변형된 스타일도 유행한다. 프렌치 매니큐어는 겨울보다 여름에 하면 빛을 잘 발하며 신부들이 선호 하는 스타일이다.

(1) 재료

습식매니큐어와 동일하지만 팔리시 바르는 방법만 약간 다를 뿐이다.

준비물

(2) 프렌치 매니큐어 시술

① 베이스 코트를 바른다.

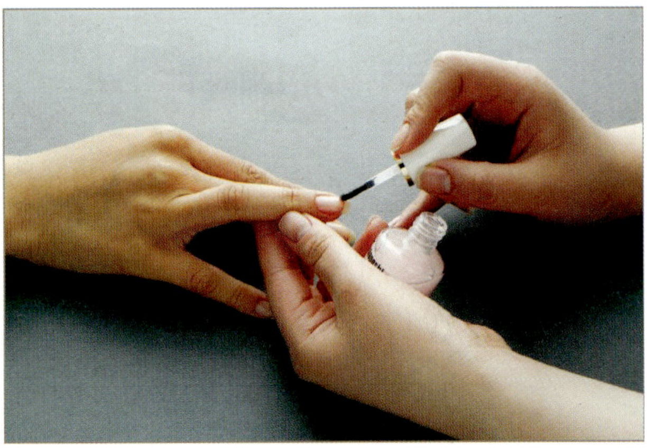

베이스 코트 바르기

② 투명 에나멜을 바른다.

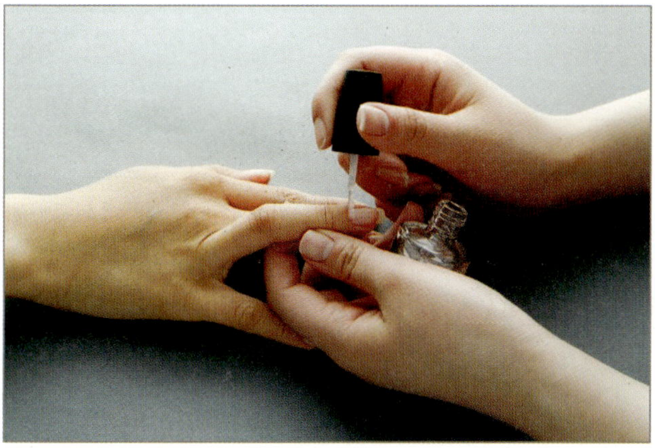

투명 에나멜 바르기

③ 흰색 에나멜을 이용하여 원하는 모양대로 바른다.

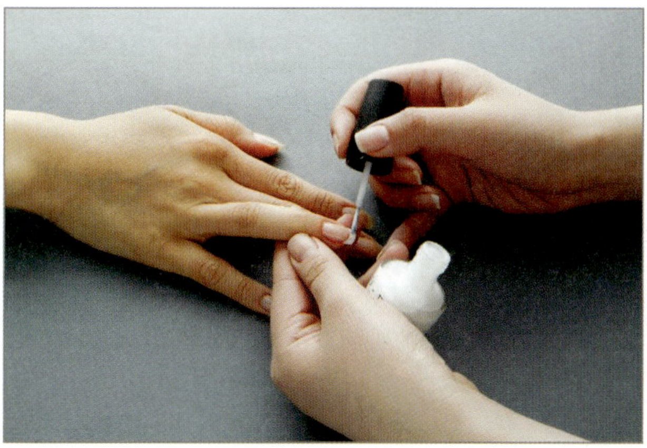

흰색 에나멜 바르기

④ 내추럴한 핑크색을 손톱 전체에 바른다.

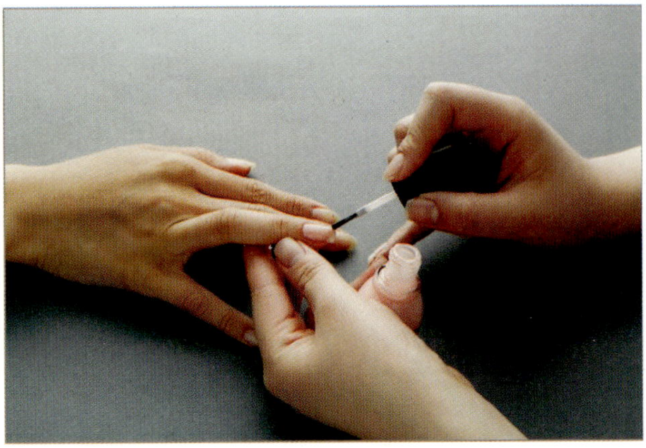

핑크색 바르기

⑤ 모양을 유지하기 위해 톱 코트를 바른다.

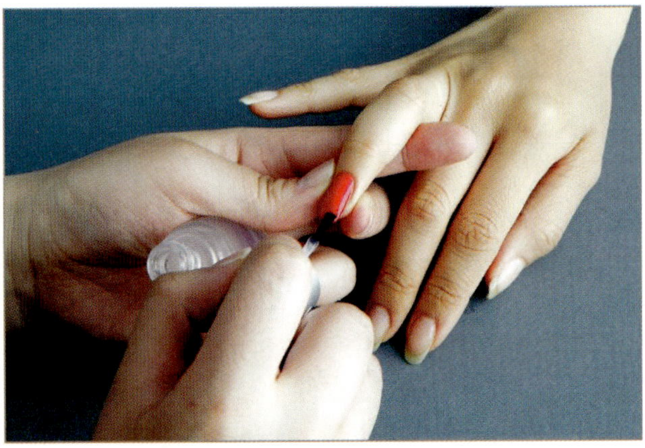

톱 코트 바르기

3) 남성을 위한 매니큐어(mans manicure)

남성을 위한 매니큐어라고 해도 기본적으로 여성들이 받는 매니큐어와 같다. 단 남성들에게 유색 팔리시를 바르지 않는다. 고객에 따라 베이스 코트와 톱 코트를 발라 주기도 한다.

(1) 준비물

습식매니큐어와 사전준비는 동일하다.

준비물

(2) 시술 과정

① 손 소독

고객의 손에 시술자는 소독제(안티셉틱/알코올)를 묻혀 소독한다.

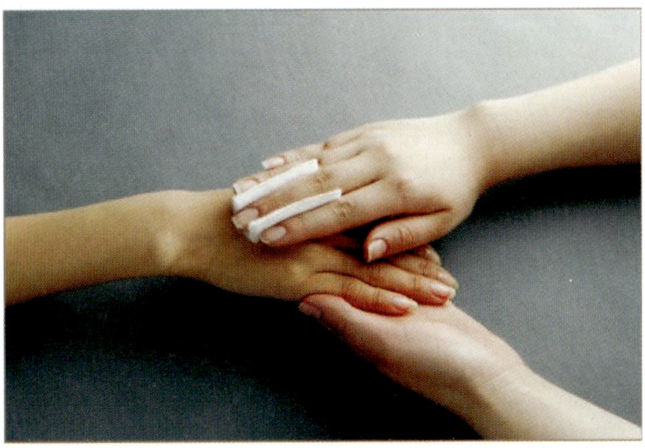

손 소독

② 팔리시 제거하기

리무버를 묻힌 솜을 가지고 5초 동안 손톱 표면에 얹어 놓았다가 빠르게 새끼손가락부터 닦아 준다(팔리시가 번지지 않게 하기 위해). 그런 후 큐티클 부위나 프리 엣지에 남지 않도록 오렌지 우드스틱 끝에 솜을 말아 리무버를 묻힌 후 닦아 준다.

* 팔리시를 발랐다면 제거하기만 바르지 않은 상태라면 반드시 할 필요는 없다.

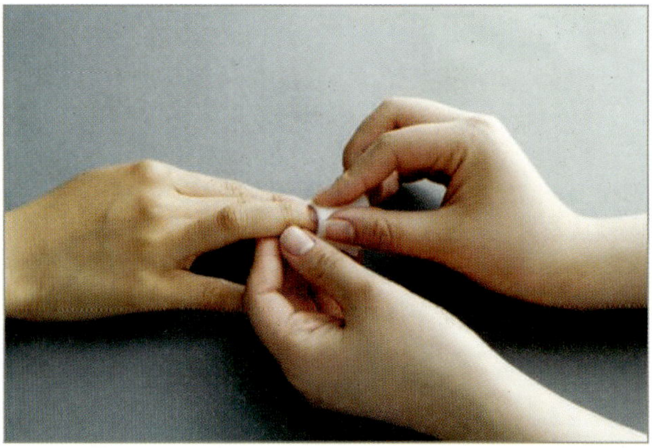

팔리시 제거하기

③ 고객 손톱에 질병상태를 파악한다.

④ 파일링/모양 만들기

시술 들어가기 전에 고객에게 네일 모양과 길이를 물어보고 결정한 후 손톱을 파일링하고 모양shape을 잡는다. 시술자가 시술하기 편한 손의 소지부터 부드러운 면의 파일로 파일링 한다(양쪽 코너에서 반드시 중앙으로, 한 방향으로 해야만 자연 네일이 하지 않는다).

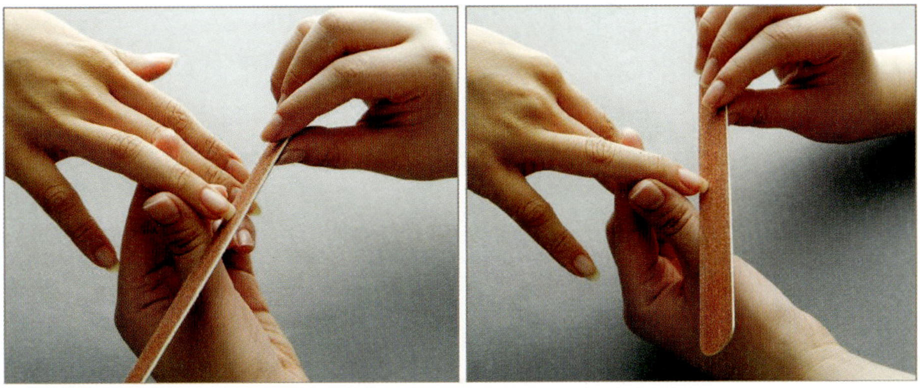

파일링/모양 만들기

⑤ 네일 표면 정리/거스러미 제거

네일 표면을 화이트 샌딩으로 부드럽게 해주고 파일링하고 난 거스러미를 라운드패드나 사각패드를 이용하여 프리 엣지 부분을 제거한다.

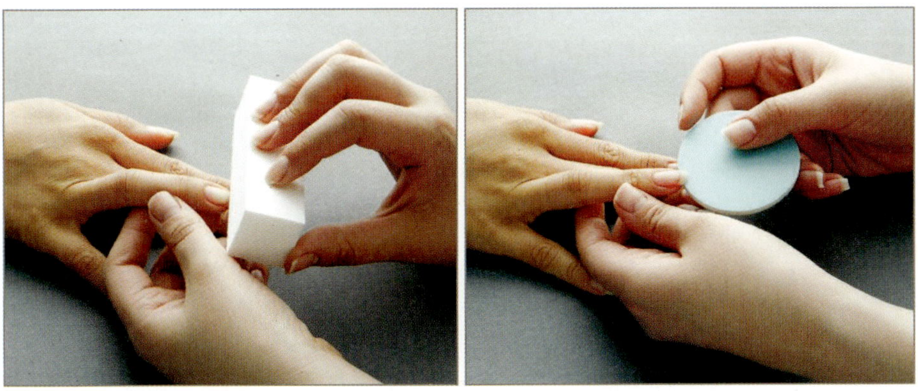

네일 표면 정리/거스러미 제거

⑥ 핑거볼에 담그기

거스러미까지 제거한 다음에 핑거볼에 담가 3－5분 정도 큐티클을 불려준다. 이때 물은 미지근한 항균 비눗물로 사용한다.

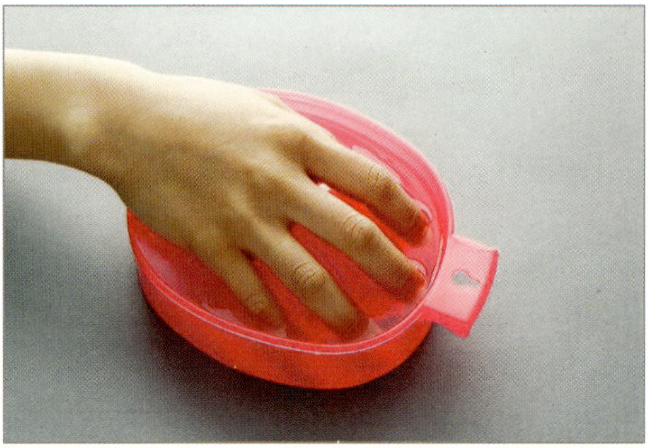

핑거볼에 담그기

⑦ 물기를 닦아 내기

손에 있는 물기를 종이타월로 닦아낸다.

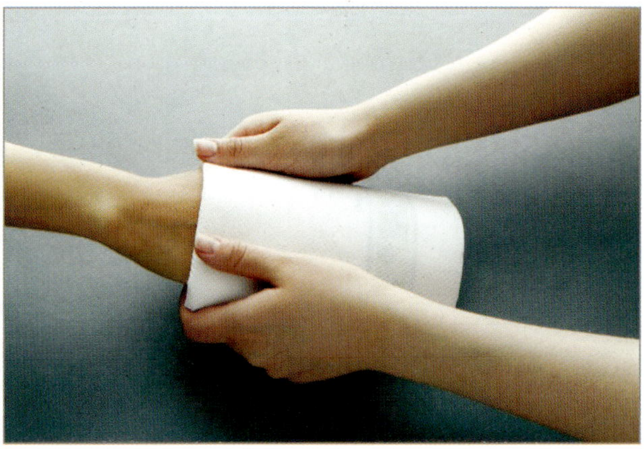

물기 닦아 내기

⑧ 나머지 한 손을 핑거볼에 담근다.

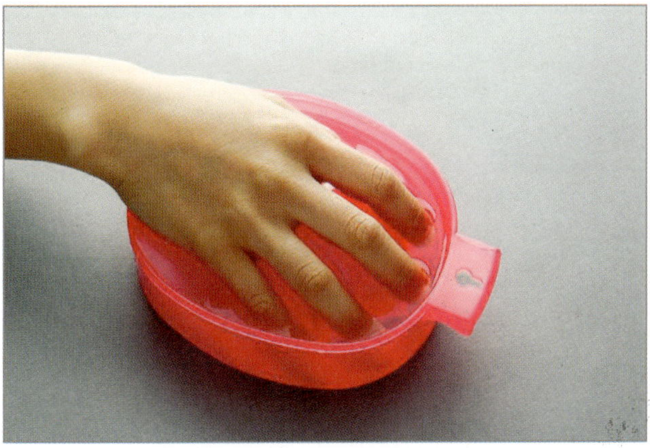

핑거볼에 담그기

⑨ 큐티클 오일을 바르기

큐티클이 유연하고 느슨하게 하기위해 큐티클 부분에 큐티클 오일을 바른다. 바르고 난 다음, 사용하지 않는 손으로 오일을 문질러준다.

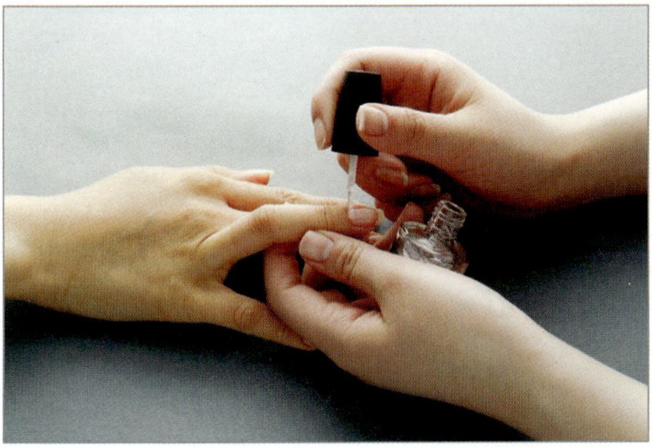

큐티클 오일 바르기

⑩ 큐티클을 밀어올리기

메탈 푸서를 이용하여 큐티클을 밀어준다. 이때 연필 잡을 때와 같이 손에 힘을 빼고 손톱에 흠이 생기지 않게 밀어 준다.

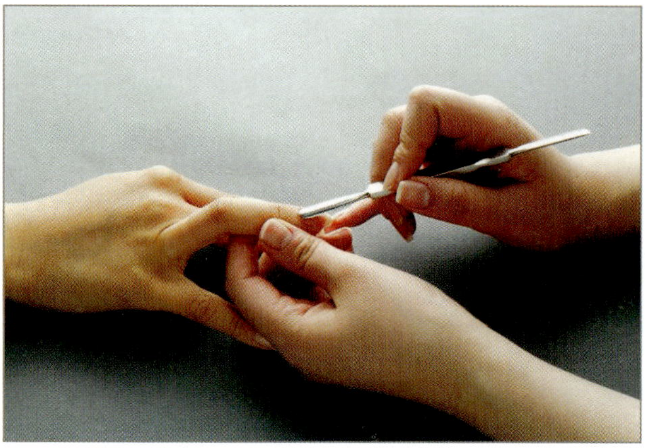

큐티클 밀어올리기

⑪ 큐티클을 정리하기

푸서로 밀어낸 큐티클을 니퍼를 사용하여 정리한다. 니퍼로 큐티클을 정리할 때 평행하게 잡고 정리하면 출혈이 생기지 않는다.

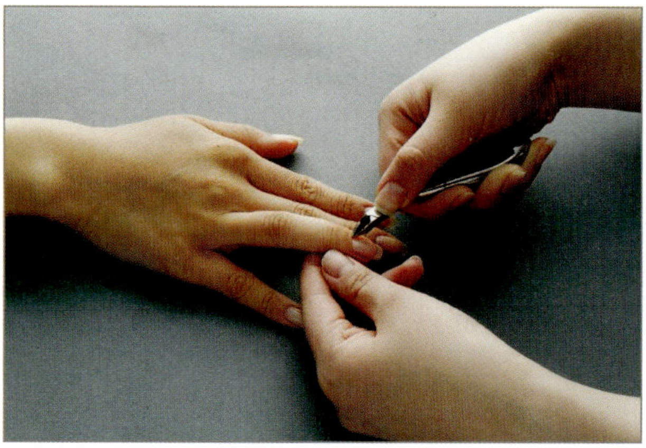

큐티클 정리하기

⑫ 다른 한 손도 정리하기

핑거볼에 담그고 있던 한 손도 꺼내어 8~16번까지의 과정을 반복한다.

⑬ 오일 제거하기

손에 리무버를 묻히고 손톱에 묻어 있는 오일을 제거한다.

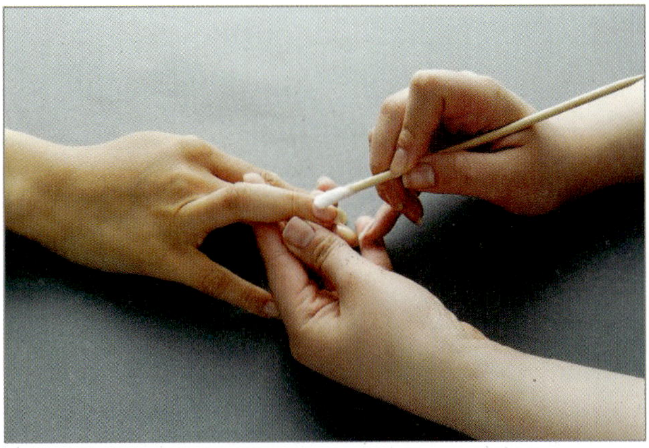

오일 제거하기

⑭ 큐티클 소독하기

소독제를 뿌려 큐티클에 세균이 들어가지 못하도록 소독한다.

큐티클 소독하기

⑮ 마사지하기

손에 적당량의 로션을 발라 원을 그리듯 마사지를 실시한다. 마사지는 손에 피로를 풀어줄 뿐 아니라 혈액순환을 촉진시키는 기능을 한다.

⑯ 로션 제거하기

손톱에 남아있는 로션은 오렌지 우드 스틱을 이용하여 제거한다(오렌지 우드 스틱에 솜을 말고 리무버를 묻혀 로션을 제거한다).

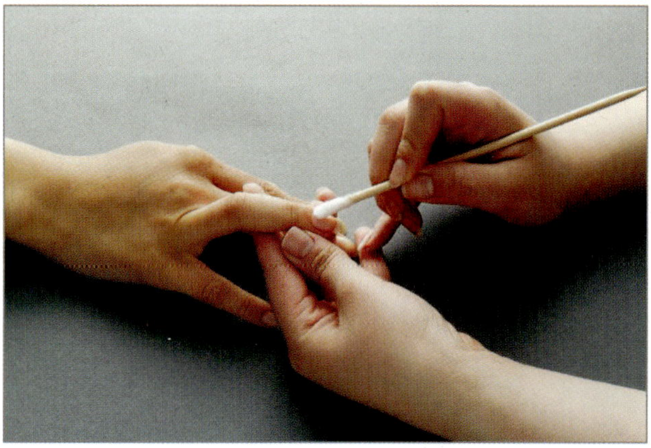

로션 제거하기

⑰ 삼색 파일

삼색 파일의 거친 3면은 거칠기 순서대로 손톱 표면에 문질러 광택을 낸다.

⑱ 베이스 코트/톱 코트 바르기

고객이 원한다면 베이스 코트를 한번 바르고, 그 위에 톱 코트를 한번 발라 준다. 필요에 따라 네일 보강제를 바르기도 한다.

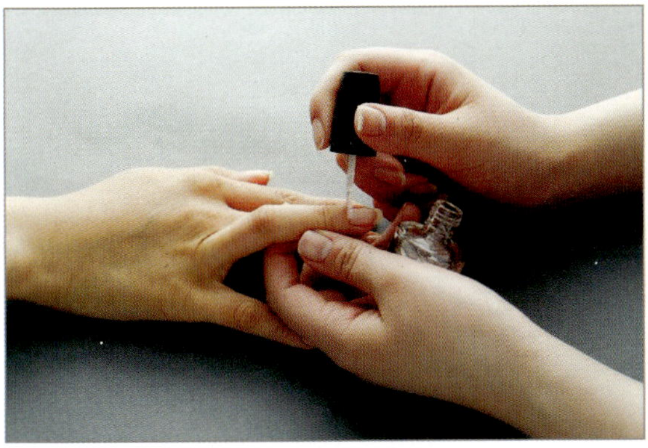

베이스 코트/톱 코트 바르기

⑲ 완성

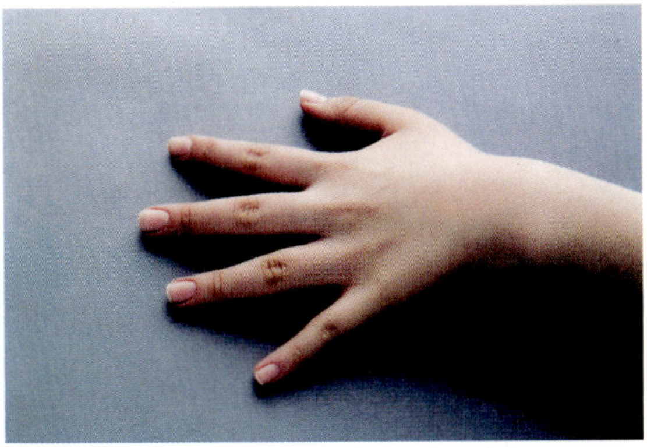

완성

4) 핫 오일 매니큐어(hot oil manicure)

손톱이 상했거나 갈라진 손톱을 가진 고객에게 건강한 손톱 또는 정상적 손톱으로 자라도록 도와준다. 겨울철 손이 건조할 때 많이 하는 서비스로 손을 부드럽게 하는 것이 특징이다. 특히 손을 물어뜯는 사람에게 큐티클과 행네일을 부드럽게 해주는 효과가 있다.

(1) 준비물

습식 매니큐어 준비물, 오일 워머, 1회용 플라스틱 오일 컵, 플라스틱 백, 오일, 로션, 손 전기용 장갑

(2) 시술

시술 10~15분 전 적당량의 플라스틱 컵에 로션과 오일을 채워 미리 예열시킨다. 그 밖에 사전 준비는 습식 매니큐어와 동일하다.

① **손 소독:** 고객의 손에 시술자는 소독제(안티셉틱/알코올)를 묻혀 소독한다.

② **팔리시 제거하기:** 리무버를 묻힌 솜을 가지고 5초 동안 손톱표면에 얹어놓은 다음 빠르게 새끼손가락부터 닦아준다(팔리시가 번지지 않게 하기위해). 그런 후, 큐티클 부위나 프리 엣지에 남지 않도록 오렌지 우드 스틱 끝에 솜을 말아 리무버를 묻힌 후 닦아준다.

③ 고객 손톱에 질병 상태를 파악한다.

④ **파일링/모양 만들기:** 시술 들어가기 전에 고객에게 네일 모양과 길이를 물어보고 결정한 후 손톱을 파일링하고 모양shape을 잡는다. 시술자가 시술하기 편한 손의 소지부터 부드러운 면의 파일로 파일링한다(양쪽 코너에서 반드시 중앙으로 향하도록 하고, 한 방향으로 해야만 자연 네일이 상하지 않는다).

⑤ **네일 표면 정리/거스러미 제거:** 네일 표면을 화이트 샌딩으로 부드럽게 해주고 파일링하고 난 거스러미를 라운드 패드나 사각 패드를 이용하여 프리 엣지 부분을 제거한다.

⑥ 로션 워머에 담근다: 따뜻해진 로션에 손을 5분 정도 담근다.

⑦ 다른 한 손도 똑같은 방법으로 시술한다.

⑧ **마사지하기:** 로션을 이용하여 마사지를 한다.

⑨ **로션을 제거하기:** 시술자 손에 묻은 로션을 제거한다.

⑩ **큐티클을 밀어주기:** 푸셔를 이용해 큐티클을 밀어준다.

⑪ **큐티클 정리하기:** 니퍼를 이용하여 큐티클을 정리한다.

⑫ **유분기 제거하기**: 오렌지 우드 스틱을 이용하여 손톱에 남아있는 유분기를 제거한다.

⑬ 베이스 코트를 바른다.

⑭ 에나멜을 바른다.

⑮ 톱 코트를 바른다.

5) 파라핀 매니큐어(paraffin manicure)

파라핀 시술은 오랜 세월동안 물리 치료사들에 의해 치료의 목적으로 사용되어 오고 있다. 파라핀은 피부를 유연하고 부드럽게 해줄 뿐만 아니라 비티민 E가 들어있어 피부를 하얗게 해주는 효능을 지니고 있다. 파라핀 매니큐어는 거친 손과 손톱이 약하고 민감한 손톱에 효과적인 고급 서비스이다.

(1) 준비물

습식 매니큐어 준비물, 파라핀, 일회용 장갑이나 비닐 랩, 손 전용 장갑, 파라핀 워머

(2) 시술

파라핀이 녹는데 약 4~5분 정도 시간이 소요되므로 파라핀 워머를 미리 전기에 꽂아둔다. 파라핀은 약 130°c 정도에 녹으며 어떠한 제품을 사용하든지 반드시 설명서를 읽고 사용해야 한다.

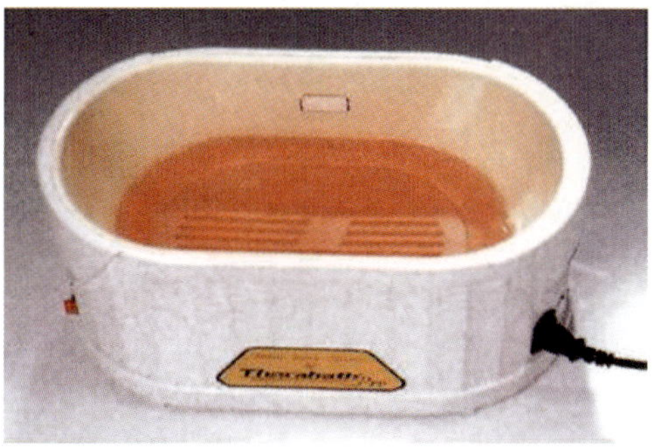

시술

① 시술자의 손목과 손을 소독한다.

파라핀에 손을 담그기 전에 소독제를 묻혀 손목과 손을 소독한다.

소독하기]

② 로션을 바른다.

③ 손을 담근다.

천천히 손목까지 담그고 5초 동안 기다린다. 그리고 다시 꺼내어 파라핀의 상태를 보고 3회 정도 실시한다.

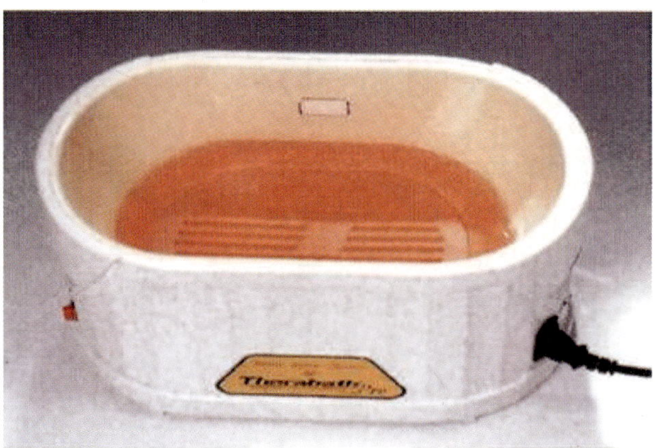

시술

④ 비닐장갑을 씌운다.

열이 외부로 빠져나가는 것을 방지한다.

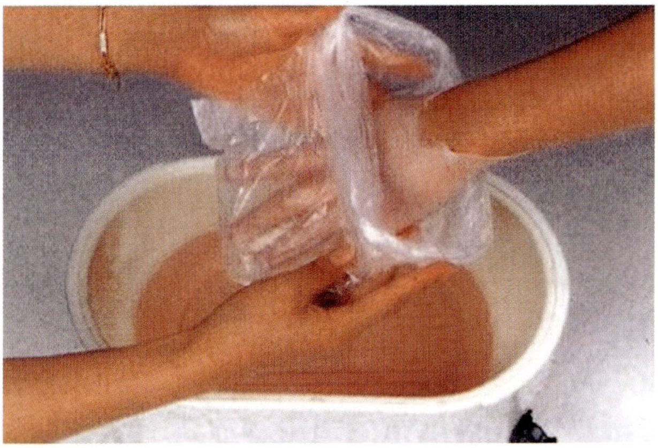

비닐장갑 씌우기

⑤ 다른 한손도 똑같은 방법으로 시술한다.

⑥ 보온 장갑을 씌운다.

보온 장갑을 씌우고 열이 밖으로 빠져나가지 않게 한 다음, 10분 정도 손을 따뜻하게 보온한다.

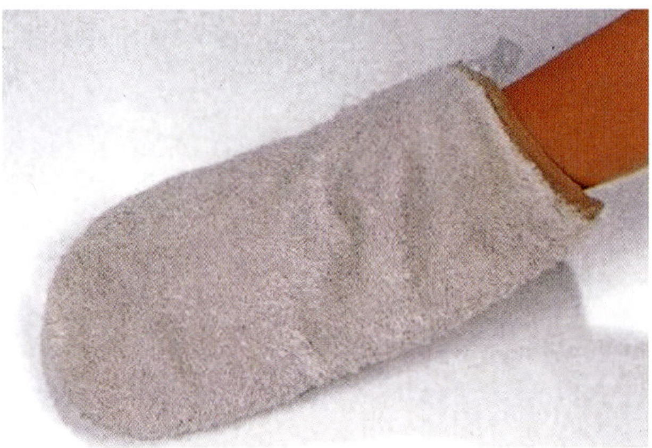

보온 장갑 씌우기

⑦ 파라핀을 제거한다.

10분 후 보온장갑과 비닐장갑을 벗기고 파라핀을 제거한다.

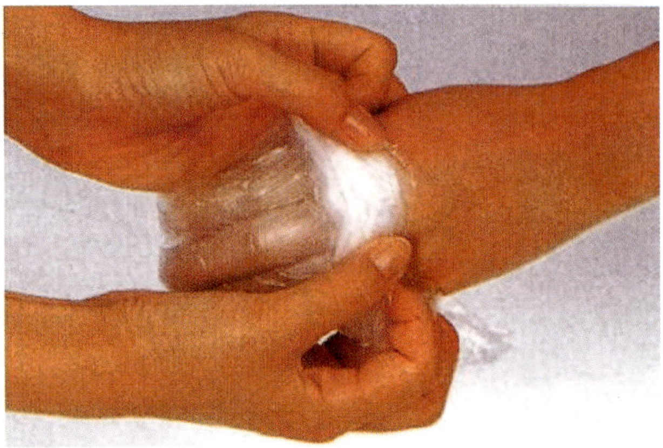

파라핀 제거하기

⑧ 마사지를 한다.

핸드로션을 이용하여 마사지를 한다.

⑨ 유분기를 제거한다.

손톱에 남아있는 유분기를 오렌지 우드 스틱을 이용하여 제거한다.

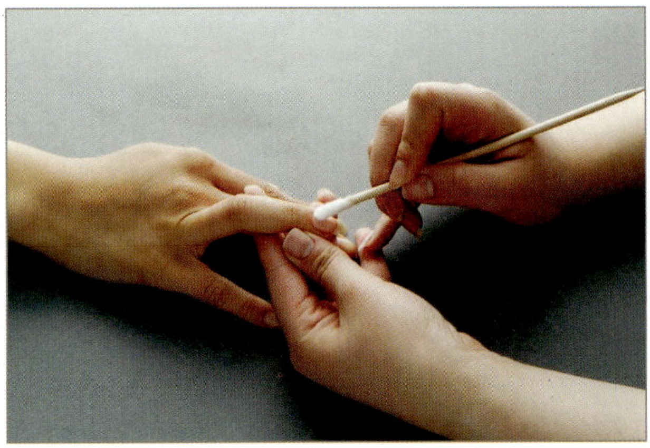

유분기 제거하기

⑩ 베이스 코트, 에나멜, 톱 코트를 바르고 마무리한다.

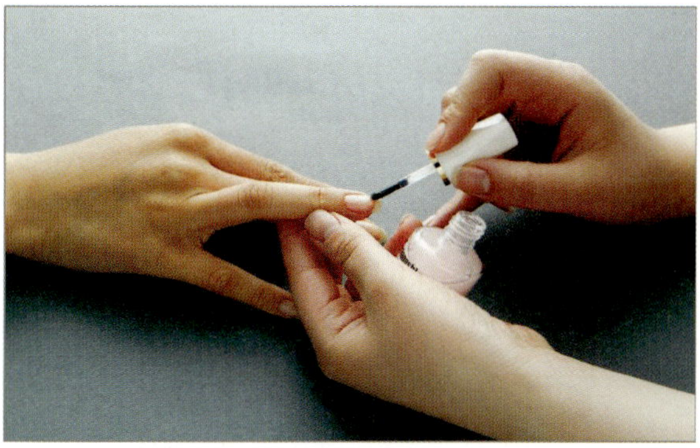

베이스 코트 바르기

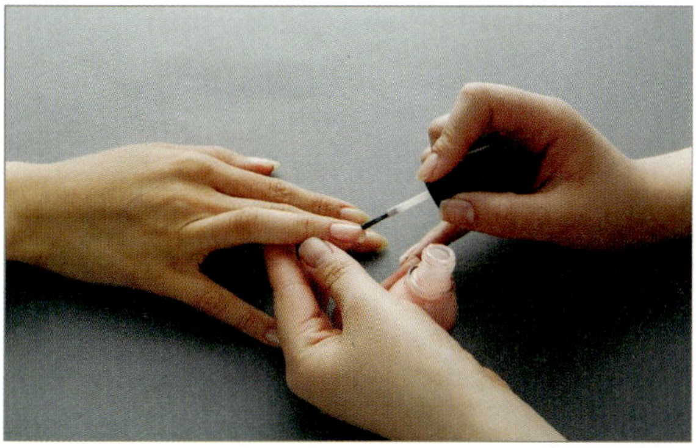

에나멜 바르기

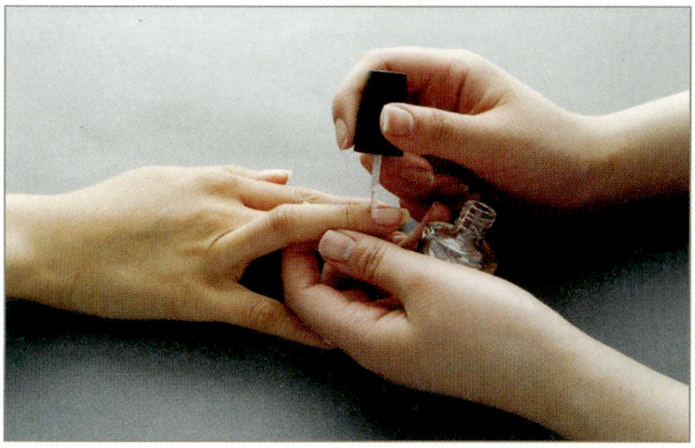

톱 코트 바르기

5

패디큐어(pedicure)

패디큐어란 발이나 발톱 모양 만들기, 팔리시 바르기 뿐만 아니라 발바닥의 굳은 살 제거, 마사지 등을 포함하며 발의 피로를 풀어 혈액순환을 도와주는 시술과정을 말한다. 패티큐어는 발의 노출이 많아지는 여름철에 가장 선호하며 패티큐어를 자주 함으로써 발의 건강과 아름다움을 유지할 수 있다.

(1) 준비물

습식 매니큐어 재료, 각탕기, 고객용 의자 ,시술자의 의자, 발 받침대, 토우 세퍼레이터(발가락 띄우개), 패디파일, 슬리퍼, 발전용 파우더, 발전용 스크럽, 발전용 로션

준비물

(2) 시술

① 발을 세척한다.

발 욕조에 따뜻한 물과 비누를 풀고 발을 담근다. 그리고 발을 세척한다.

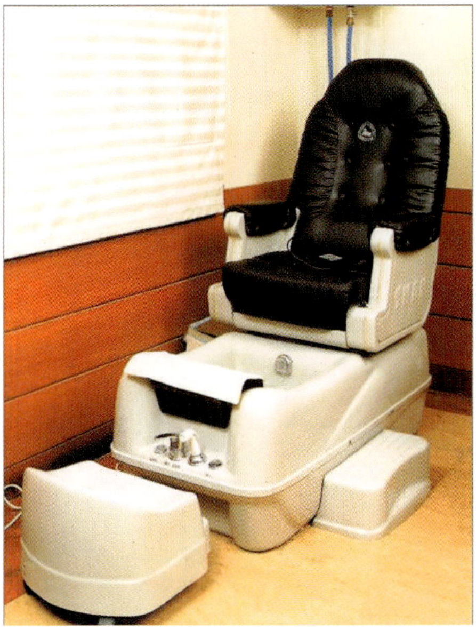

발 세척하기

② 발을 닦고 소독한다.

타월로 발에 물기를 깨끗이 제거하고 솜에 소독제를 묻혀 소독한다.

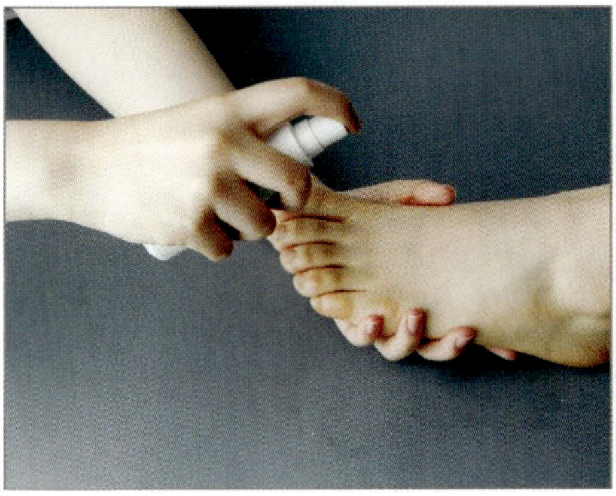

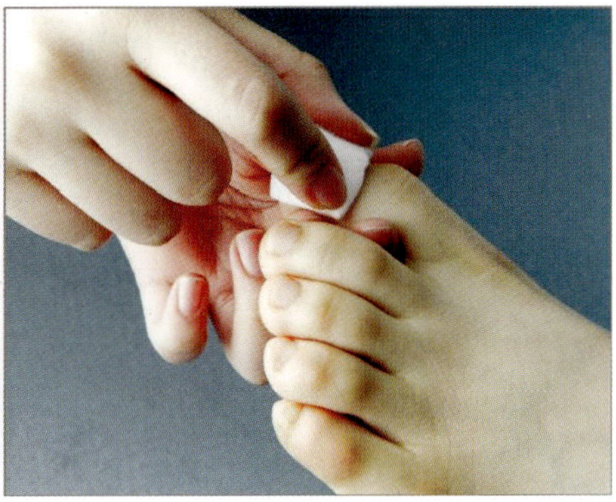

발 닦고 소독하기

③ 모양을 잡아준다.

발톱 모양을 ㅡ(일자)로 잡아준다.

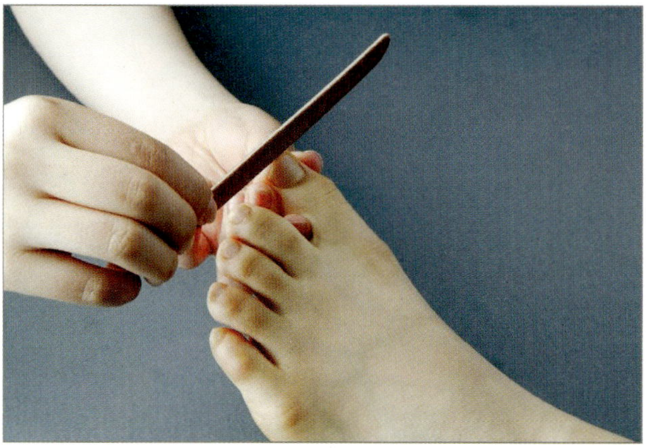

발톱 모양 잡아주기

④ 표면을 버핑한다.

발톱 표면이 움푹 패이거나 매끄럽지 않을 경우에는 샌딩 블록을 이용하여 표면을 작업한다.

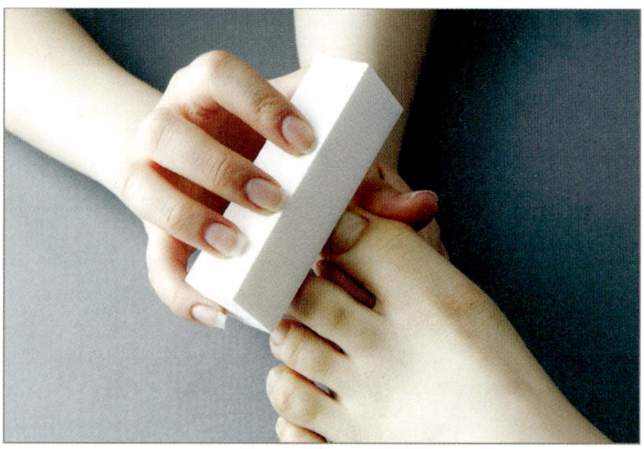

표면 버핑하기

⑤ 큐티클 오일을 바른다.

발의 큐티클에 큐티클 오일을 바르고 사용하지 않은 손으로 문지른다.

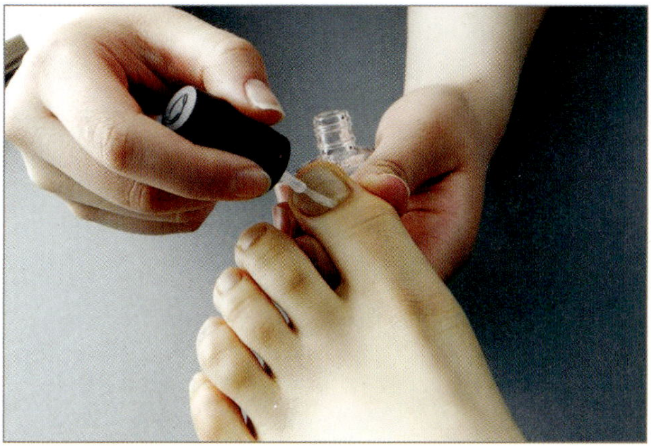

큐티클 오일 바르기

⑥ 큐티클을 밀어 준다.

푸서로 발톱이 손상되지 않게 밀어 준다.

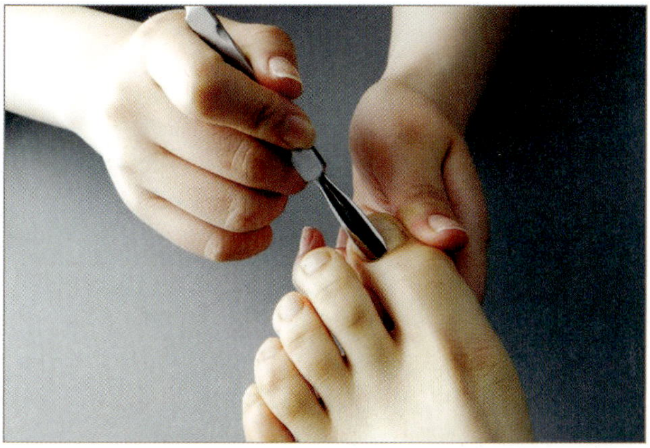

큐티클 밀어주기

⑦ 큐티클을 정리한다.

니퍼로 큐티클을 정리한다.

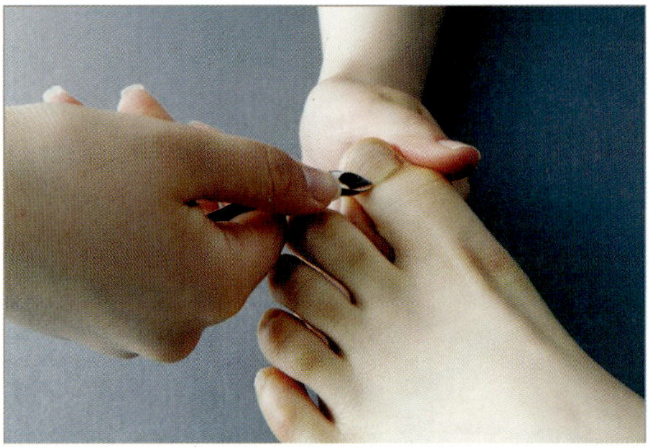

큐티클 정리하기

⑧ 다른 발도 시술한다.

⑨ 굳은살을 제거한다.

콘 커터를 이용해 피부결 방향으로 조심스럽게 굳은살을 제거한다. 콘 커터에 면도날이 달려 있으므로 조심스럽게 다룬다.

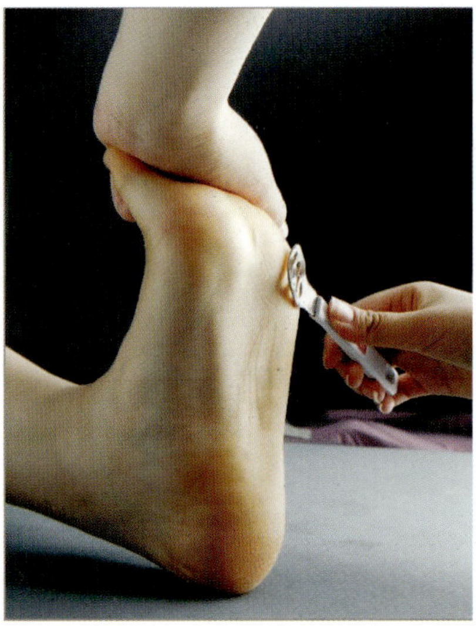

굳은살 제거하기

⑩ 패디파일로 문질러 준다.

패디파일에 패디로션을 묻혀 부드럽게 마사지하듯 문질러 준다.

패디파일로 문지르기

⑪ 마사지를 한다.

스파튤라를 이용해 패디로션이나 크림을 발등과 발목에 마사지를 하여 발을 유연하게 만든다.

⑫ 유분기를 제거한다.

발톱에 있는 유분기를 오렌지 우드 스틱을 이용해 제거한다(솜을 말아 제거한다).

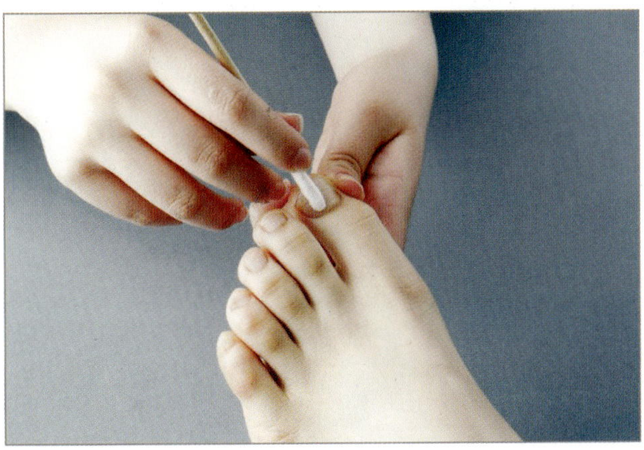

유분기 제거하기

⑬ 토우 세퍼레이터를 끼운다.

발가락이 부딪히는 것을 방지하기 위해 토우 세퍼레이터를 끼운다.

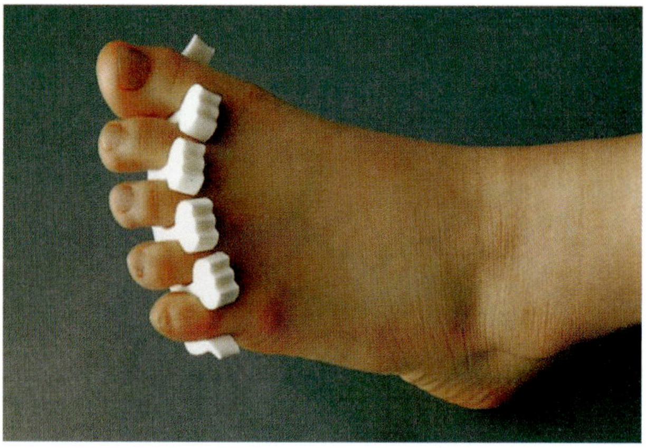

토우 세퍼레이터 끼우기

⑭ 베이스 코트를 바른다.

얇게 한 번 정도 발라준다.

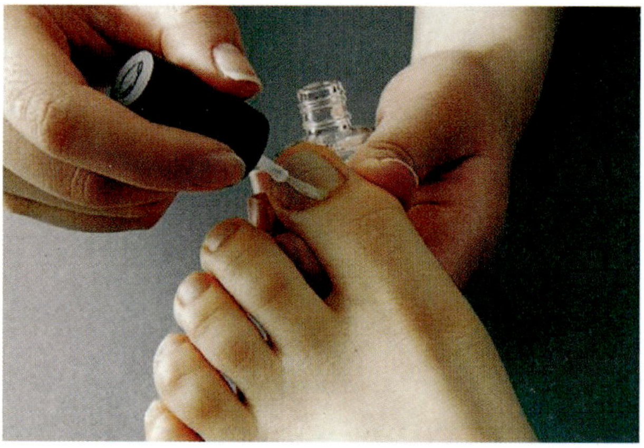

베이스 코트 바르기

⑮ 에나멜을 바른다.

두 번 정도 색상이 나오도록 발라준다.

에나멜 바르기

⑯ 톱 코트를 바른다

톱 코드를 너무 많이 바르지 말고 얇게 한 번 발라준다.

⑰ 완성 작품

완성 작품

6

네일 팁(nail tips)

네일 팁nail tips이란 인조 손톱을 말한다. 자연 네일을 인위적으로 늘리고 형태를 교정하고 약한 자연 네일을 보호하는 기능이 있다.

보통 플라스틱, 나일론, 아세테이트 재질로 만들어진 것이 대부분이며 팁 자체만으로는 약하기 때문에 시술 후에 랩이나, 젤 네일, 린넨 등을 사용하여 보강한다.

(1) 준비물

① 습식매니큐어 준비물

준비물

② 블랙버퍼(black buffer)

네일 표면을 매끄럽게 해줄 때 사용한다.

블랙버퍼

③ 네일 팁(nail tips)

인조 손톱을 말하며 여러 가지 종류가 있다. 인조 손톱의 윗부분에 움푹 파져있는 부분을 웰well이라 하며, 이 모양에 따라 풀 웰full well, 하프 웰half well로 나눈다.

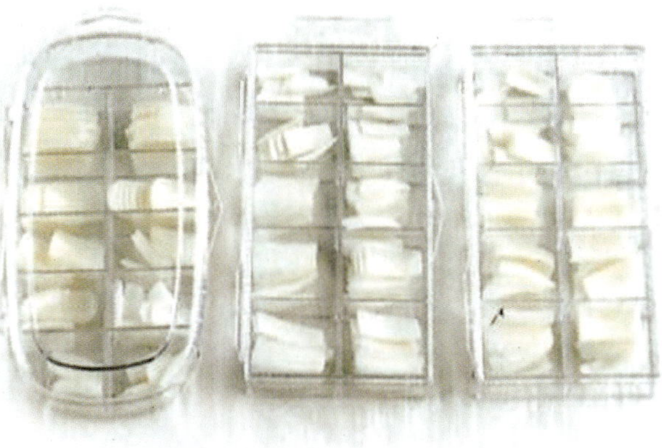

네일 팁

④ 네일 글루 & 젤(nail glue & gel)

인조 손톱을 자연 손톱에 부착시킬 때 쓰는 접착제

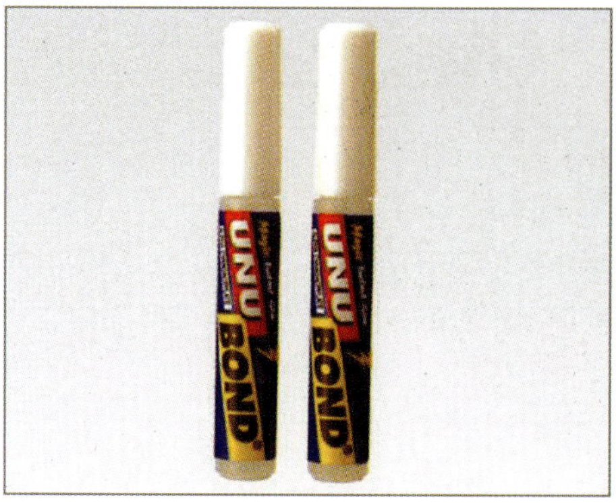

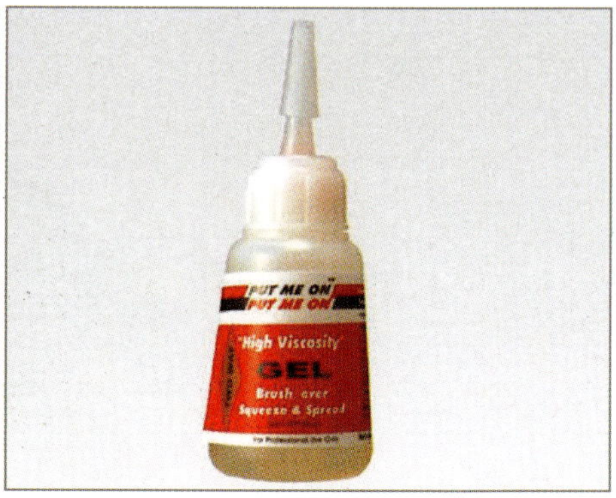

네일 글루&젤

⑤ 글루드라이

글루나 젤을 빠르게 굳어지게 할 때 사용한다.

글루드라이

⑥ 네일 팁 커터

인조 손톱의 길이를 조절할 때 사용한다.

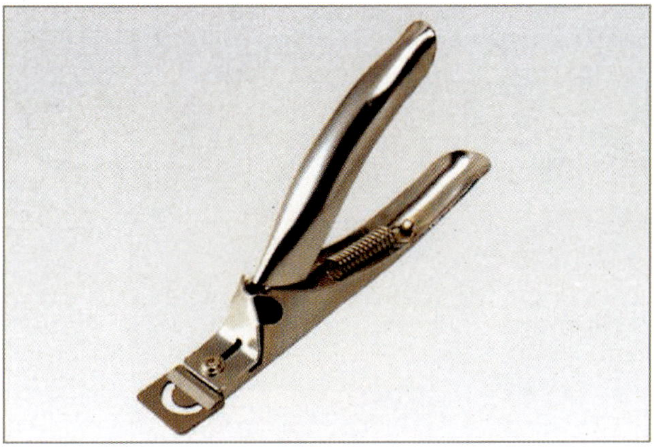

네일 팁 커터

(2) 네일 팁 시술 방법

① 손을 소독한다.

시술자와 고객의 손 전체를 골고루 소독한다.

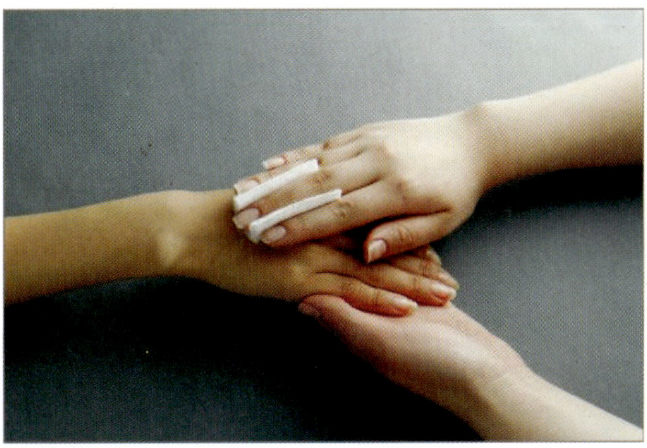

손 소독하기

② 에나멜을 제거한다.

솜에 에나멜 리무버를 묻혀 에나멜을 제거한다.

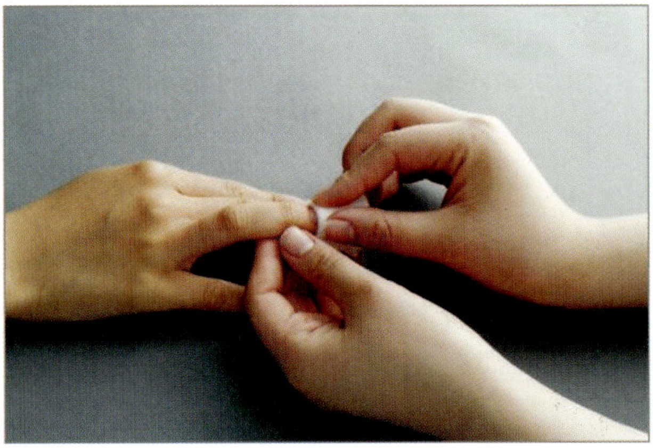

에나멜 제거하기

③ 큐티클을 밀어준다.

푸셔를 이용하여 큐티클을 밀어준다.

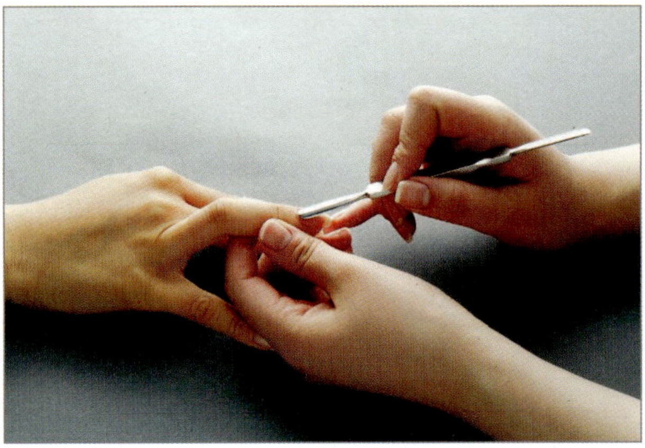

큐티클 밀어주기

④ 자연 네일의 유분기를 제거한다.

유분기가 있으면 인조 손톱이 뜨거나 부착이 안 되기 때문에 유분기를 제거한다.

⑤ 손톱 길이를 정리한다.

손톱 길이를 라운드형으로 1mm정도 잡아준다.

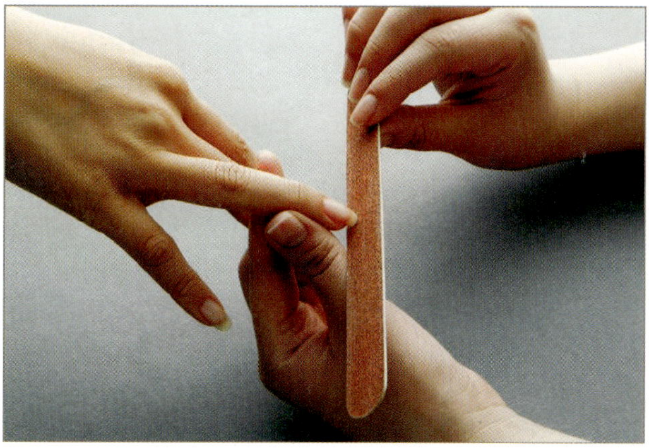

손톱 길이 정리하기

⑥ 팁을 선택하고 부착한다.

자연 손톱에 알맞은 팁을 선택하여 글루나 젤을 이용하여 부착한다. 이때 양쪽 팁 끝을 잡고 공기가 들어가지 않게 45° 로 밀착시키는 것이 중요하다.

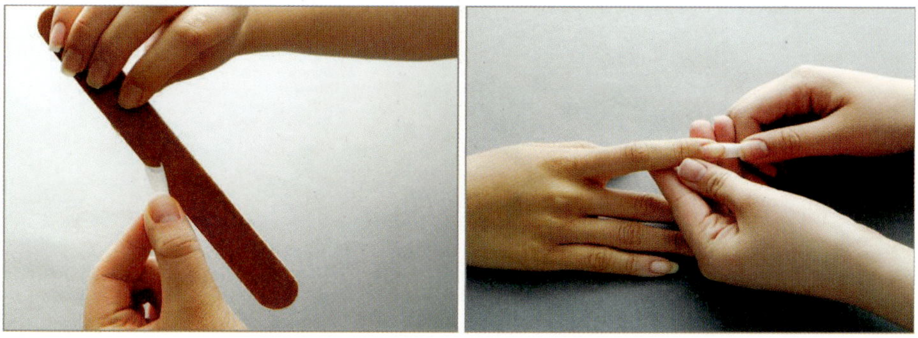

팁 선택하고 부착하기

⑦ 팁의 길이를 조정한다.

클리퍼와 팁 커터를 이용하여 팁의 길이를 알맞게 자른다.

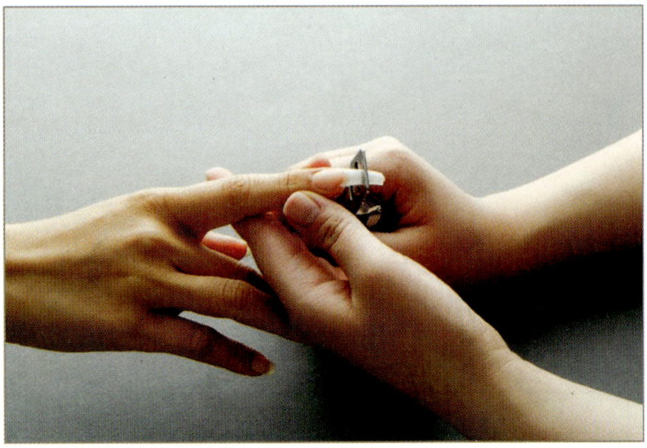

팁 길이 조정하기(팁 커터로 잘라주기)

⑧ 턱을 제거한다.

자연 손톱과 인조 손톱의 경계면을 파일을 이용하여 자연 손톱이 손상되지 않도록 갈아준다.

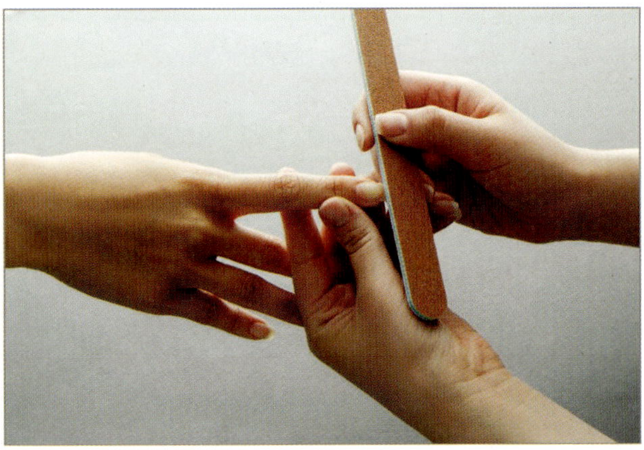

턱 제거하기

⑨ 필러 파우더를 뿌려준다.

털을 제거하고 들어간 부분을 채우기 위하여 필러 파우더를 뿌리고 글루를 바르고 글루드라이를 사용하여 건조시킨다.

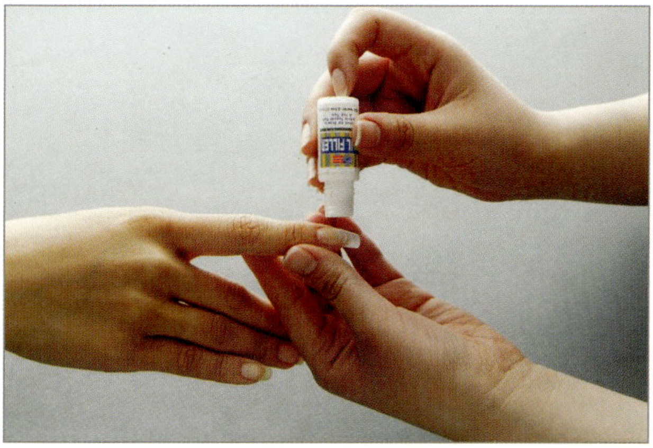

필어 파우더 뿌리기

⑩ 턱을 제거한다.

필러 파우더를 사용한 후 생긴 턱을 매끄럽게 갈아준다.

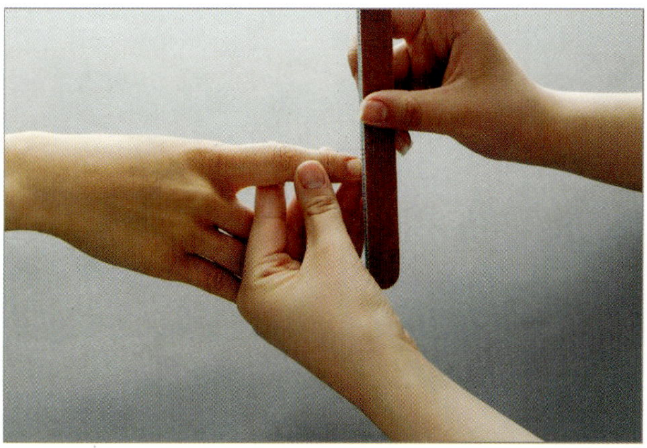

턱 제거하기

⑪ 인조 팁의 모양을 잡아준다.

고객이 원하는 모양으로 인조 팁의 모양을 잡아준다.

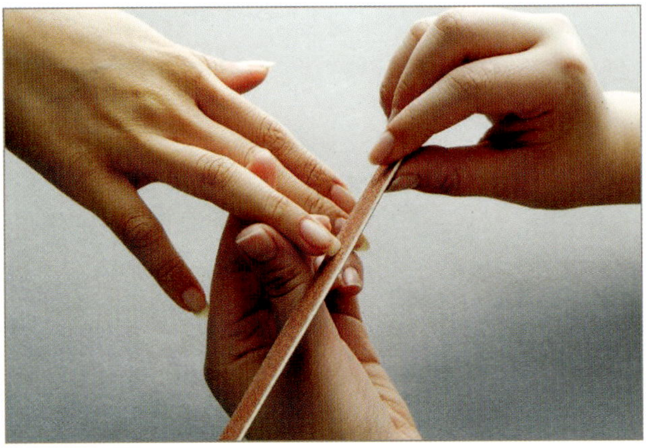

인조 팁의 모양 잡아주기

⑫ 블랙버퍼로 샌딩한다.

블랙버퍼를 이용하여 매끄럽게 샌딩한다.

블랙버퍼로 샌딩하기

⑬ 오일을 바른다.

인조 손톱을 매끄럽고 윤기가 나게 하기위하여 오일을 발라준다.

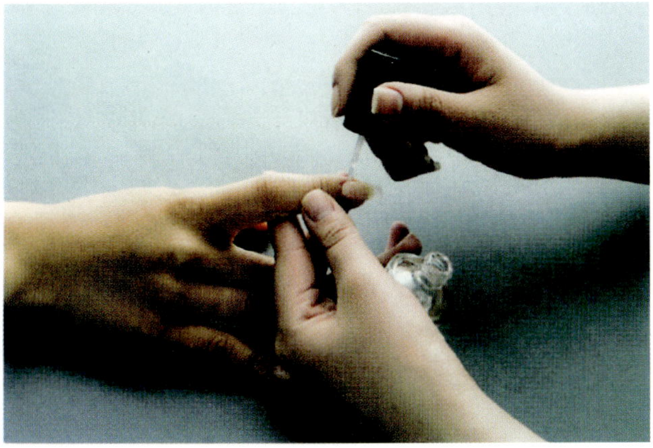

오일 바르기

⑭ 완성

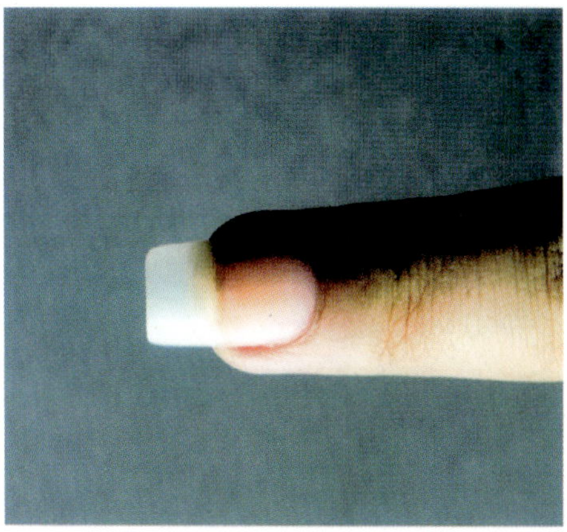

완성

(3) 네일 팁 제거

① 손 소독하기

② 팔리시 제거

③ **팁 자르기**: 부착한 팁 부분을 클리퍼로 잘아낸다.

④ **아세톤에 담그기**: 아세톤을 넣을 용기에 네일이 담길 정도로 리무버를 1/3정도 넣고 5~10분 동안 담가둔다.

⑤ **팁 밀어내기**: 5~10분 정도 지난 후에 오렌지 우드 스틱 끝으로 조심스럽게 밀어서 떼어낸다.

⑥ **버핑**: 오일을 바른 후 손톱에 가볍게 버핑을 해서 남아 있는 여분을 제거

⑦ **보습**: 큐티클오일로 손톱에 보습을 주고 큐티클을 정리한다.

7

네일 랩(nail wraps)

네일 랩이란 손을 포장한다는 의미로서 오버레이Over - lays라고도 불린다. 네일 랩은 실크나 린넨 등을 이용하여 젤이나 글루를 이용하여 손톱에 붙이는 것을 말한다.

(1) 준비물/재료

습식 매니큐어 준비물, 글루, 젤, 글루드라이, 실크가위, 네일 랩(실크, 린넨, 파이버글래스 Fiberglass_)

준비물

TIP

• 실크(sillk): 명주 소재의 천으로 촘촘하게 짜여져 가장 부드럽고 얇다. 시술하기는 조금 어려우나 적절히 시술했을 때 투명성이 뛰어나고 부드러워서 보편적으로 많이 사용된다.
• 리넨(linen): 굵게 짜여진 천으로 두껍고 투박하여 시술 뒤에 올이 보여 색상의 팔리시를 바른다.
• 파이버글래스(fiberglass): 유리섬유, 광섬유라고 한다. 글루가 가장 잘 스며들며 랩 종류에서도 가장 견고하고 자연스러워 보인다.

(2) 실크 랩 시술 방법

① 손을 소독한다.

손에 소독제를 묻혀 손을 소독한다.

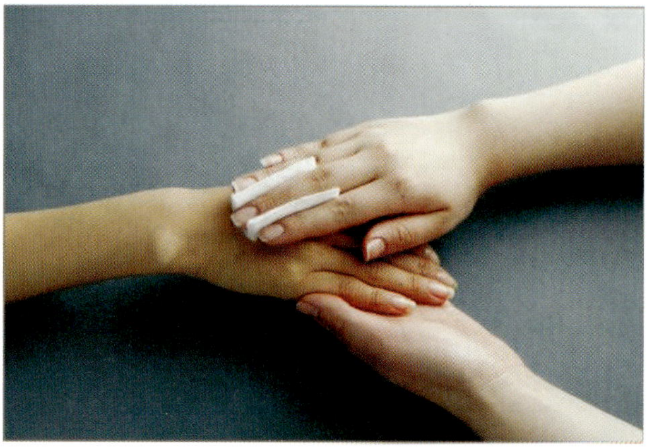

소독하기

② 에나멜을 제거한다.

솜에 에나멜 리무버를 묻혀 에나멜을 제거한다.

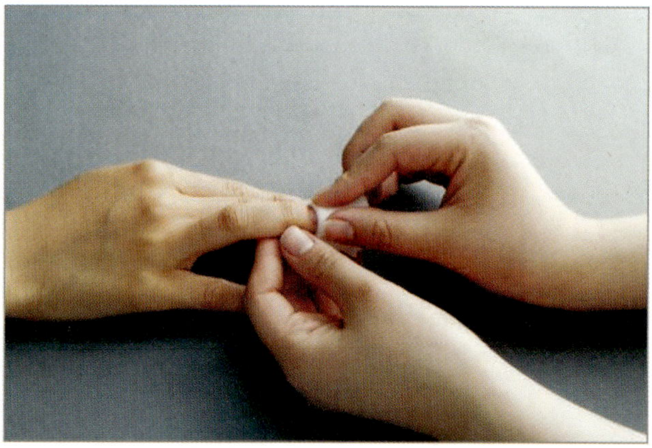

에나멜 제거하기

③ 광택을 제거한다.

손톱의 유분기와 광택을 파일로 제거한다.

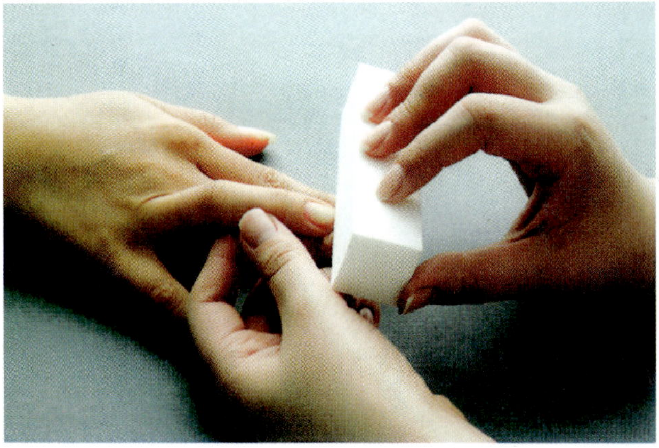

광택 제거하기

④ 실크를 오린다.

실크를 손톱 크기에 알맞게 오린다.

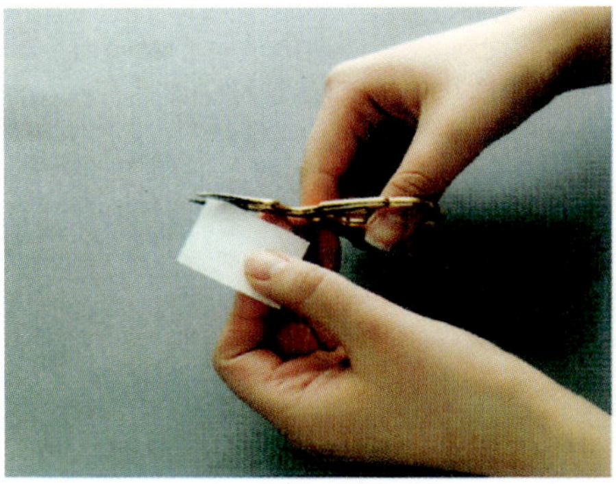

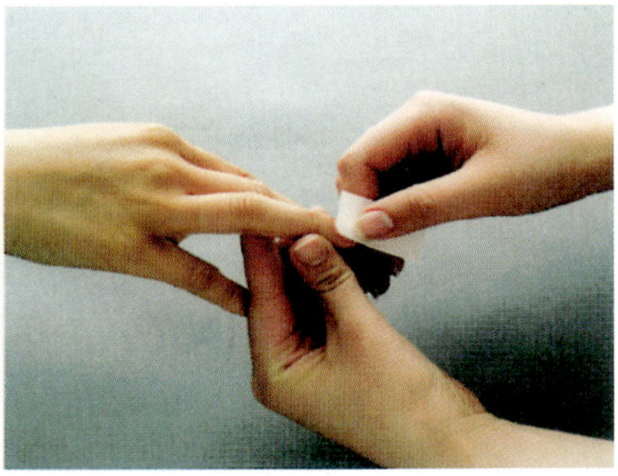

실크 오리기

⑤ 글루를 바른다.

랩을 붙이기 편하도록 글루를 손톱에 바른다.

⑥ 실크를 붙인다.

실크를 큐티클 아래 1.5mm 정도 남겨놓고 붙인 다음 글루를 바른다.

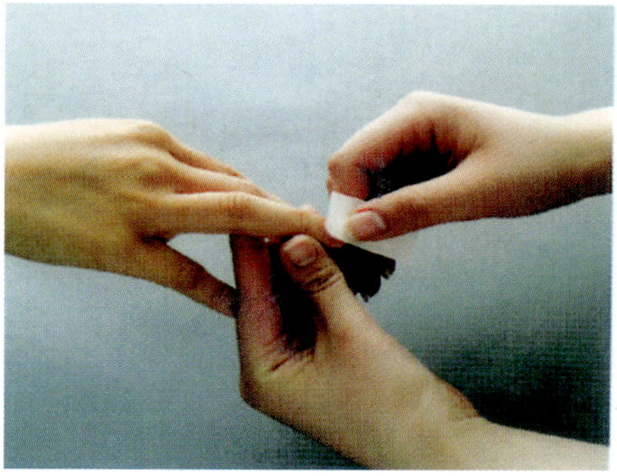

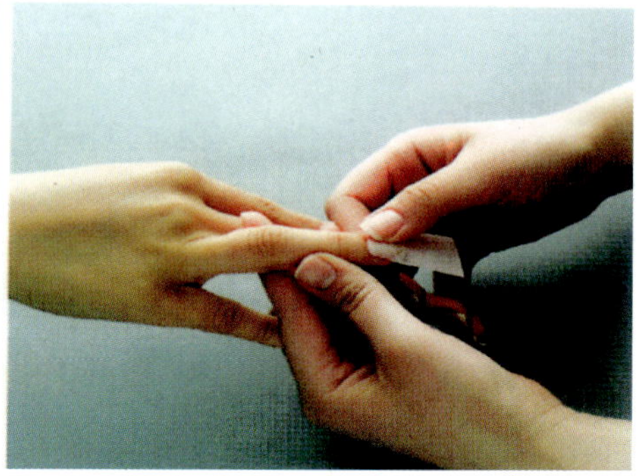

실크 붙이기 ①~②

⑦ 양손 모두 이와 같은 방법으로 시술한다.

⑧ 실크 턱을 간다.

실크 턱을 파일을 이용하여 매끄럽게 갈아준다.

실크 턱 갈기

⑨ 모양을 잡아준다.

고객이 원하는 모양으로 잡아준다.

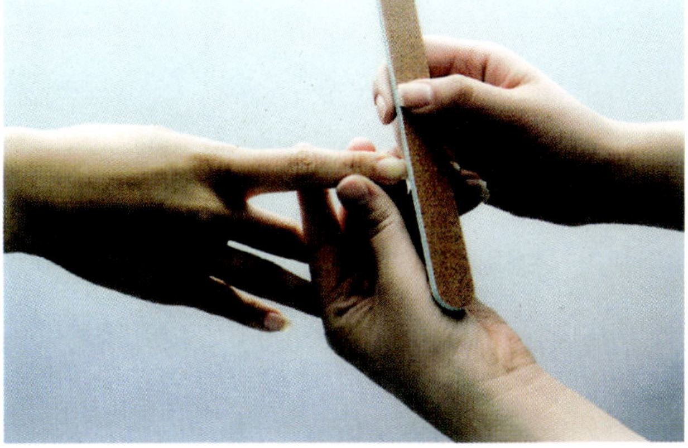

모양 잡아주기

⑩ 젤을 바른다.

젤을 한 번에 많이 바르지 말고 얇게 두 번 발라준다.

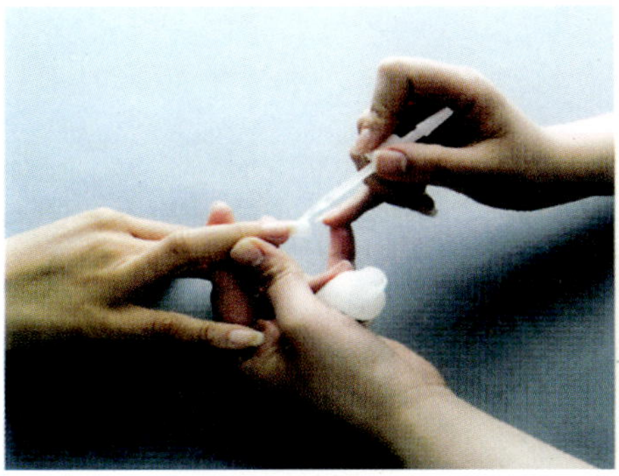

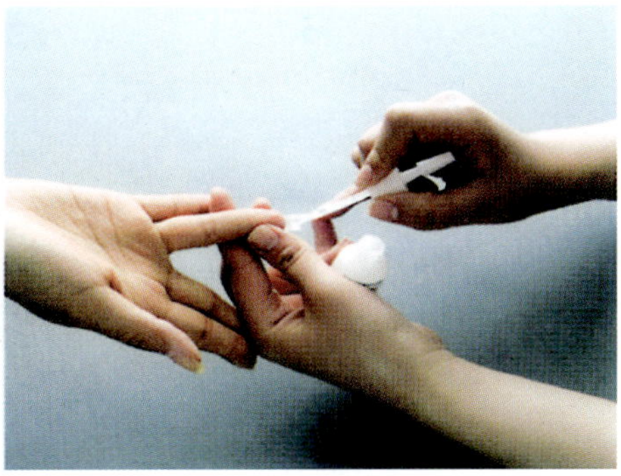

젤 바르기

⑪ 글루드라이를 뿌린다.

젤이 빨리 마를 수 있도록 글루드라이를 뿌려준다.

글루드라이 뿌리기

⑫ 블랙버퍼로 샌딩한다.

손톱을 매끄럽게 샌딩해 준다. 자연 손톱과의 턱이 없어야 한다.

블랙버퍼로 샌딩하기

⑬ 마사지를 한다.

핸드로션을 이용하여 마사지한다.

⑭ 유분기를 제거한다.

손톱에 남아 있는 유분기를 오렌지 우드 스틱을 이용하여 제거한다.

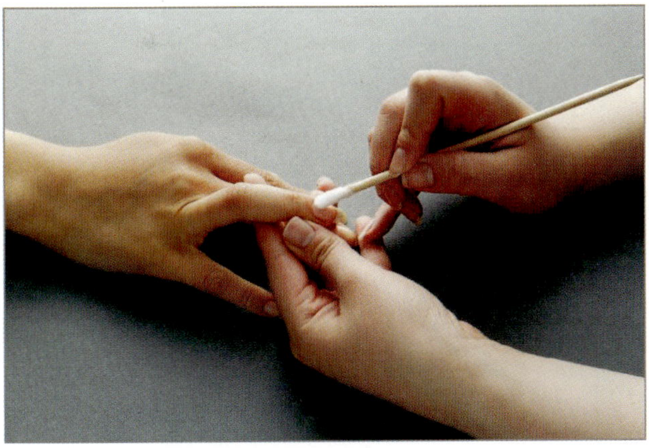

유분기 제거하기

⑮ 베이스 코트, 에나멜, 톱 코트를 바른다.

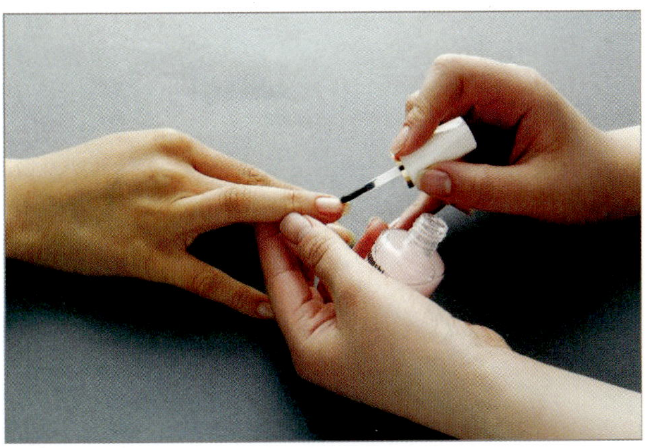

베이스 코트 바르기

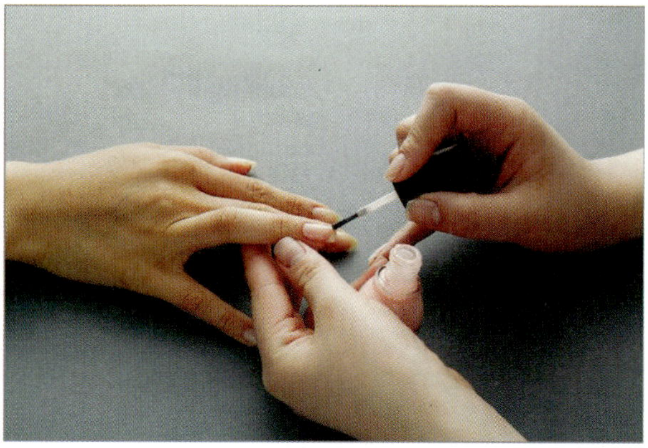

에나멜 바르기

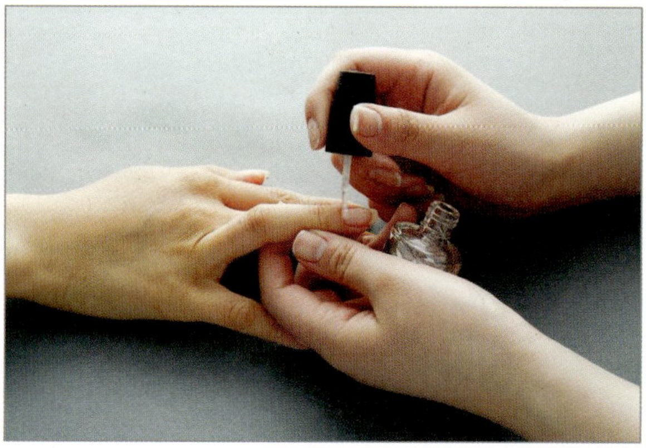

톱 코트 바르기

⑯ 완성

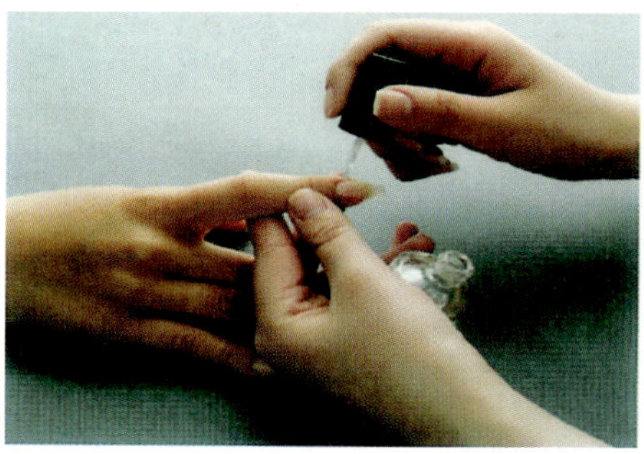
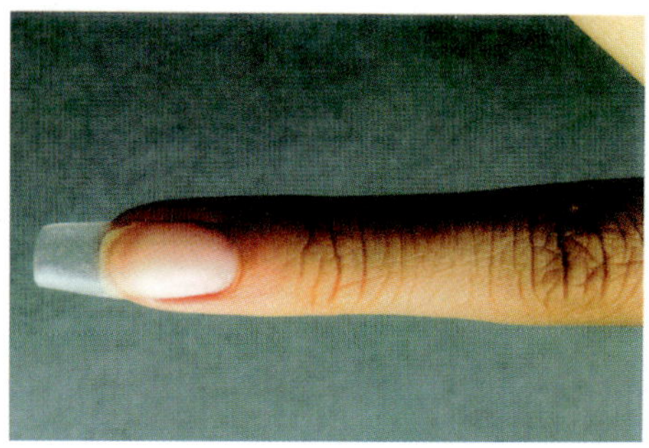

완성

(3) 네일 랩 제거

① **손 소독하기**

② **팔리시 제거:** 논 아세톤non acetone계의 리무버를 사용하여 랩이나 인조 손톱이 녹지 않게 한다.

③ 큐티클 밀어내기

④ **버핑:** 자연 손톱이 자란부위와 턱진 부분을 파일로 가볍게 갈아준다.

⑤ **글루 칠하기:** 글루 또는 젤을 바른다.

⑥ **보습:** 손톱을 큐티클 오일로 보습을 주고 큐티클을 정리한다.

8

실크 익스텐션(silk extension)

실크 익스텐션은 실크를 이용하여 손톱의 길이를 연장해주는 방법이다. 팁을 사용하지 않고 하는 방법이라 숙련된 기술과 고도의 테크닉이 필요한 시술 방법이다. 실크 익스텐션에 사용하는 실크는 신축성이 없는 것으로 사용하며 자연 네일 위에 일시적으로 접착이 되는 접착실크를 사용한다.

(1) 준비물/재료

① 습식 매니큐어 준비물

② 글루

③ 젤

④ 필러 파우더

⑤ 실크가위

⑥ 커터기

⑦ 실크

준비물

(2) 실크 익스텐션 시술 방법

① 손을 소독한다.

손에 소독제를 묻혀 손을 소독한다.

손 소독하기

② 에나멜을 제거한다.

솜에 에나멜 리무버를 묻혀 에나멜을 제거한다.

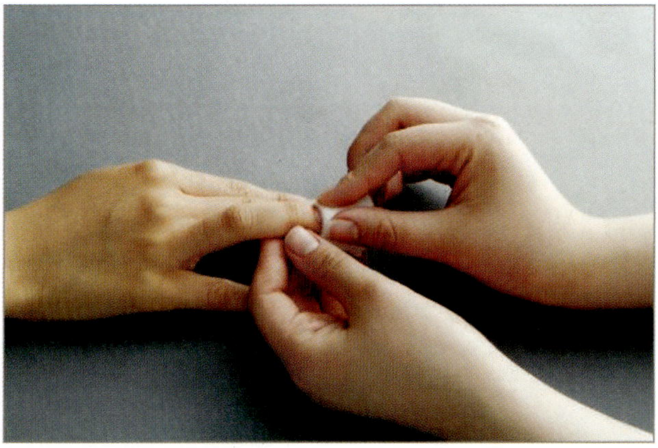

에나멜 제거하기

③ 광택을 제거한다.

실크가 손톱에 잘 붙게 하기 위하여 파일로 손톱의 유분기와 광택을 제거한다.

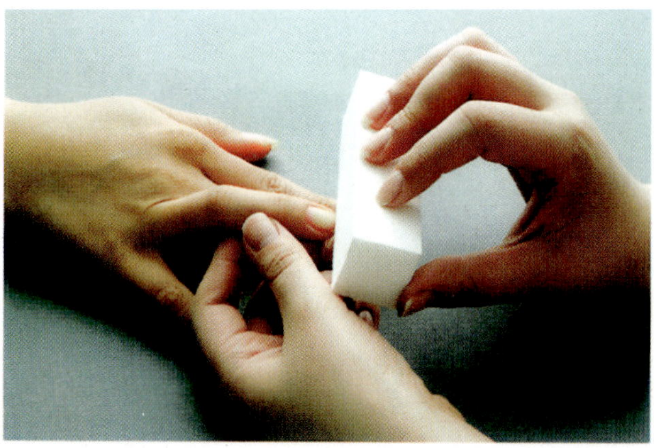

광택 제거하기

④ 실크를 자른다.

실크를 손톱 모양에 맞추어 약간 길게 자른다.

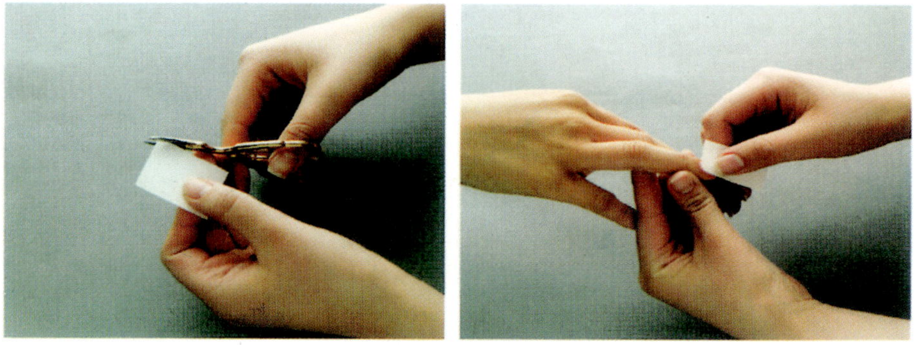

실크 자르기

⑤ 글루를 바르고 실크를 붙인다.

자연 손톱에 실크가 잘 붙을 수 있도록 글루를 바르고 실크를 붙인다.

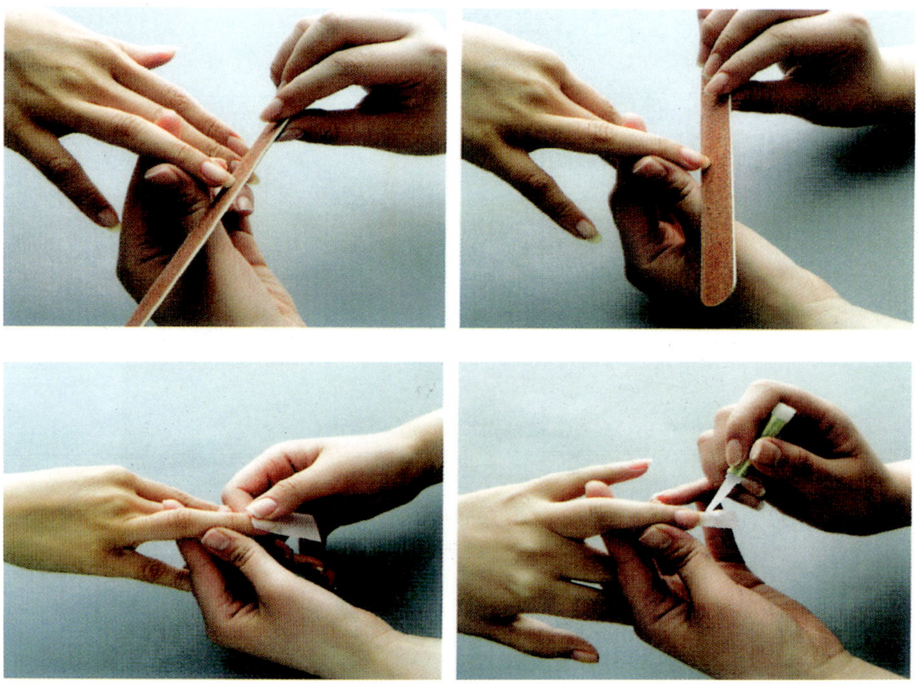

실크 붙이기

⑥ 글루를 바른다.

글루를 실크 위에다 바른다. 글루를 바를 때 실크의 끝을 살짝 잡아당겨 준다.

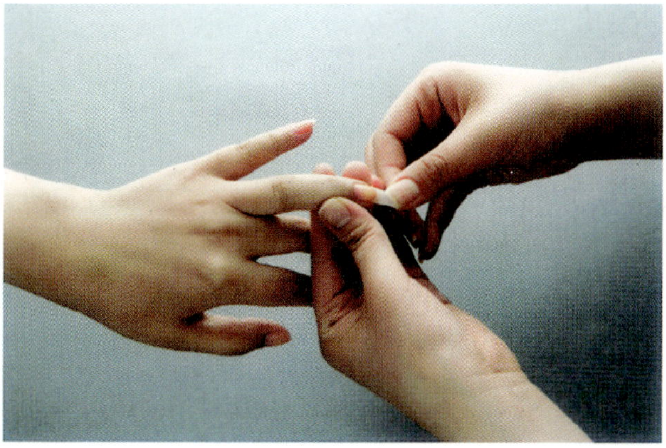

글루 바르기

⑦ 필러 파우더를 뿌리고 C커브를 만든다.

필러 파우더를 뿌려 보강한 다음, 오렌지 우드 스틱을 이용하여 C커브 만들어준다.

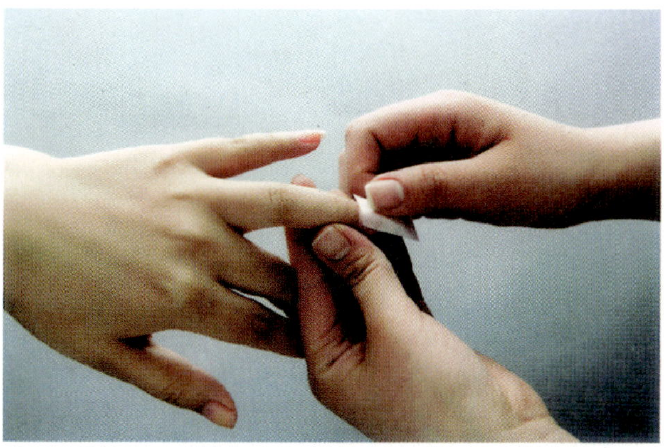

C커브 만들기

⑧ 글루와 필러 파우더를 이용하여 능선을 교정한다.

글루와 필러 파우더를 이용하여 실크의 능선을 교정해준다.

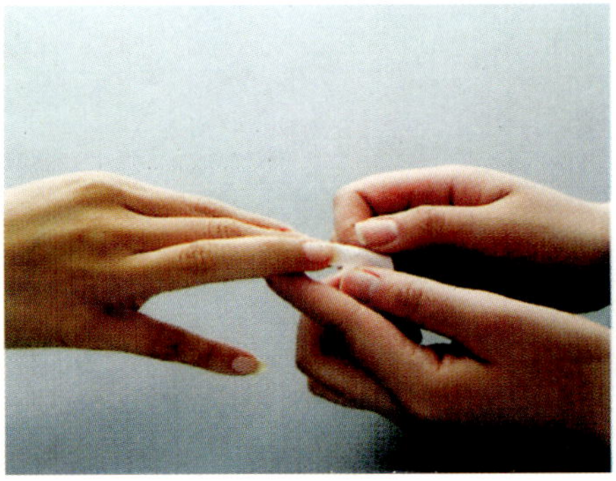 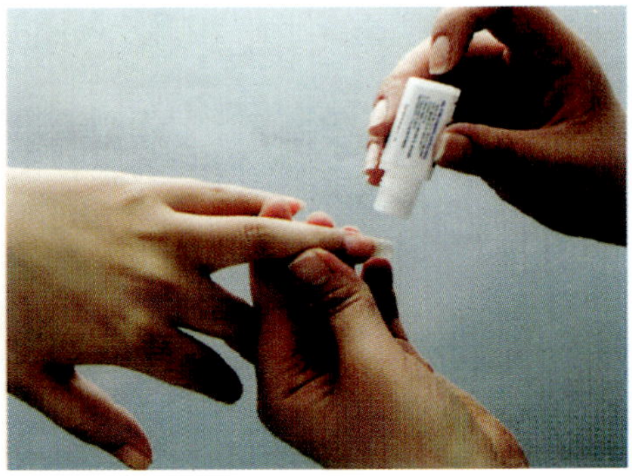

실크 능선 교정하기

⑨ 길이를 잡아준다.

고객이 원하는 길이만큼 클리퍼를 이용해 길이를 잡아준다.

길이 잡아주기

⑩ 턱을 제거한다.

실크의 턱을 파일로 매끄럽게 제거해준다.

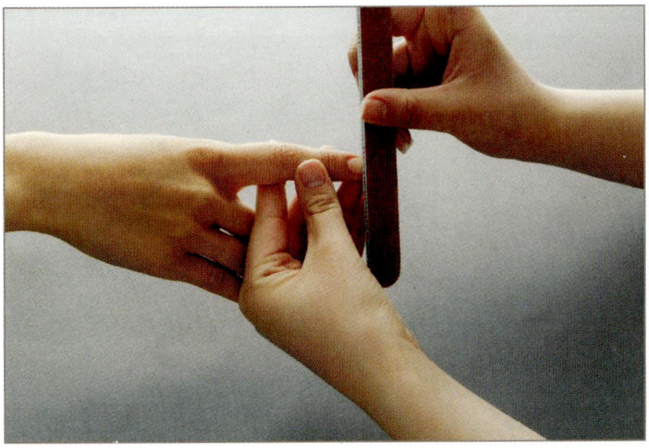

턱 제거하기

⑪ 블랙버퍼로 표면을 정리한다.

블랙버퍼를 이용하여 표면을 매끄럽게 정리한다.

표면 정리하기

⑫ 큐티클 오일을 바른다.

큐티클 오일을 바르고 큐티클을 가볍게 제거한다.

⑬ 베이스코트 에나멜, 톱 코트를 바른다.

⑭ 완성

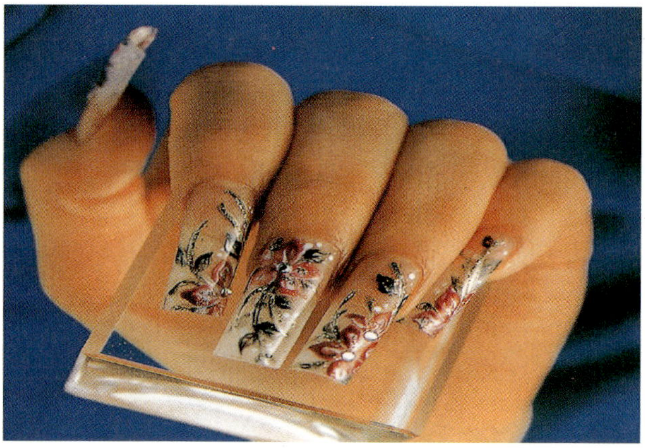

완성

(3) 실크 익스텐션 제거

① 손 소독하기

② **팁 자르기**: 부착한 팁 부분을 클리퍼로 잘라낸다.

③ **아세톤에 담그기**: 아세톤을 넣을 용기에 네일이 담길 정도로 리무버를 1/3 정도 넣고 5~10분 동안 담가둔다.

④ **팁 밀어내기**: 5~10분 정도 지난 후에 오렌지 우드 스틱 끝으로 조심스럽게 밀어서 떼어낸다.

⑤ **버핑**: 오일을 바른 후, 손톱에 가볍게 버핑을 해 남아 있는 여분을 제거한다.

⑥ **보습**: 손톱을 큐티클오일로 보습을 주고 큐티클을 정리한다.

9
아크릴 네일(acrylic nails)

아크릴 네일 또는 스컬프쳐sculptured네일이라 하며 파우더 아크릴과 리퀴드 아크릴제품을 혼합하여 만드는 것을 말한다. 이 두 재료들을 적절히 혼합하면 손톱의 두께를 조절 할 수 있으며 단단한 보조 네일이 된다. 다른 인조네일보다 내수성이 강하고 투명하며 지속성이 좋다. 아크릴 네일의 보강에도 사용 한다. 시술시 같은 회사 제품을 사용하면 부작용이 덜 생길 수 있다.

TIP

아크릴 네일은 3 가지 기본 화학 성분이 있다.

- 모노머(monomer)
  보편적으로 '아크릴 리퀴드(Acrylic Liquid)'라 불리며, 액채 아크릴을 말하는데 아주 작은 구슬 형태이다.
- 폴리머(polymer)
  길게 체인 모양으로 연결된 구슬 형태로, 딱딱하게 굳어 완성된 아크릴 네일을 폴리머라 한다.
- 캐탈리스트(catalyst: 촉매물질)
  빨리 굳게 해주는 물질로 굳게 만드는 것을 '큐어링'이라고 한다. 캐탈리스트 양 조절로 빨리 굳게 할 수도 있고 늦게 굳게도 할 수 도 있다. 우리가 흔히 사용하는 분말 형태의 아크릴은 분말로 걸려 만든 폴리머 캐탈리스트이다.

(1) 재료

준비물

① 아크릴 리퀴드(acrylic liquid)

아크릴 파우더와 함께 사용하며 아크릴을 굳히는 작용을 한다.

아크릴 리퀴드

② 아크릴 파우더(acrylic powder)

길이를 연장하거나 모양을 만들어 줄 때 사용하는 분말 파우더이다.

아크릴 파우더

③ 리퀴드 디스펜서(liquid dispenser)

아크릴 용액을 담는 용기이다.

리퀴드 디스펜서

④ 네일 폼(nail form)

아크릴로 길이를 연장할 때 쓰는 틀이다.

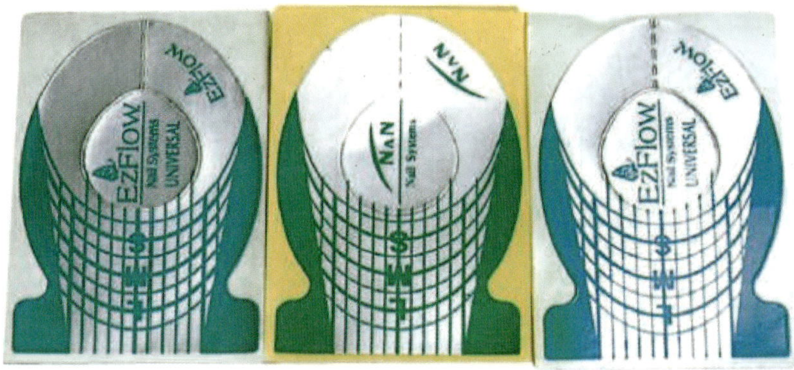

네일 폼

⑤ 프라이머(primer)

아크릴 용액이 손톱에 잘 붙도록 도와주는 용액이다.

프라이머

⑥ 아크릴 브러시(acrylic brush)

아크릴 볼을 만들 때 사용한다.

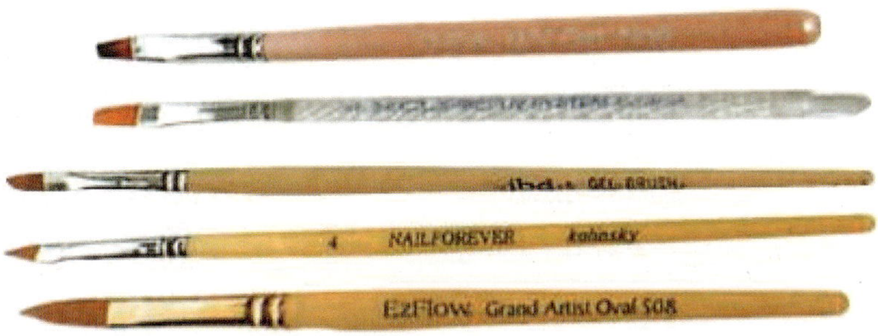

아크릴 브러시

⑦ 브러시 크리너(brush cleaner)

브러시를 세척하는 용액이다.

브러시 크리너

⑧ 유리 용기

아크릴 리퀴드를 담을 수 있는 유리 용기이다.

(2) 아크릴 오버레이(acrylic overlay)

아크릴 네일에는 인조 손톱에 하는 아크릴 팁 또는 아크릴 오버레이 가 있으며 폼을 이용하는 스컬프쳐 네일이 있다.

★ 시술 과정

① 손을 소독한다.
솜에 소독제를 묻혀 손을 소독한다.

손 소독하기

② 에나멜을 제거한다.
솜에 에나멜 리무버를 묻혀 에나멜을 제거한다.

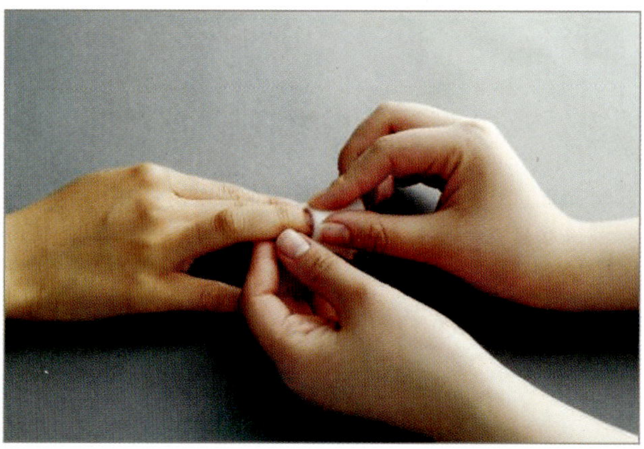

에나멜 제거하기

③ 큐티클을 밀어 정리한다.

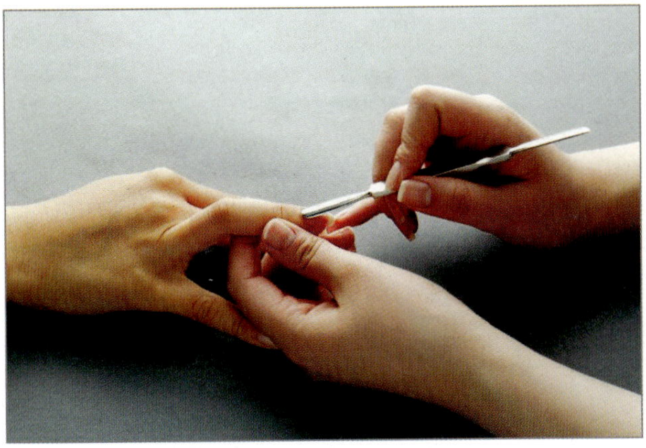

큐티클 정리하기

④ 광택을 제거한다.
파일을 사용하여 표면의 광택을 제거한다.

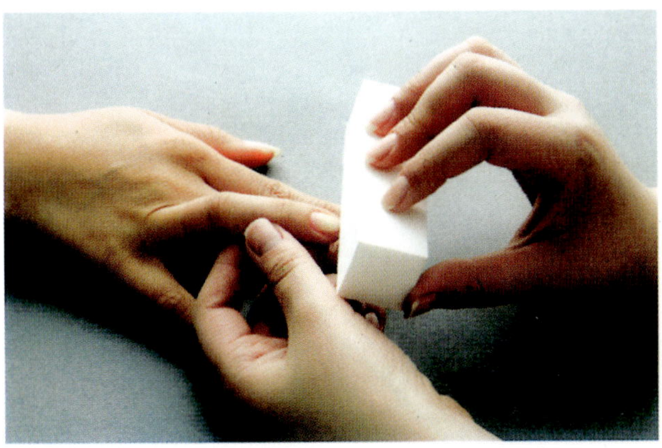

광택 제거하기

⑤ 패드나 브러시를 사용하여 깨끗이 털어 낸다.

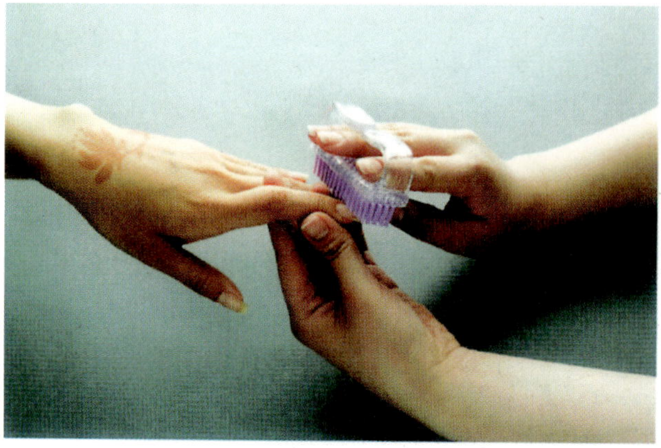

털어 내기

⑥ 팁 선택 및 팁을 부착한다.

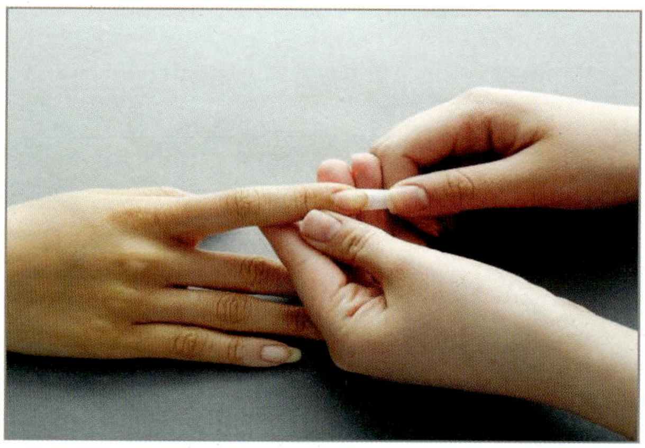

팁 선택 및 팁 부착

⑦ 팁의 길이를 알맞게 자른다.

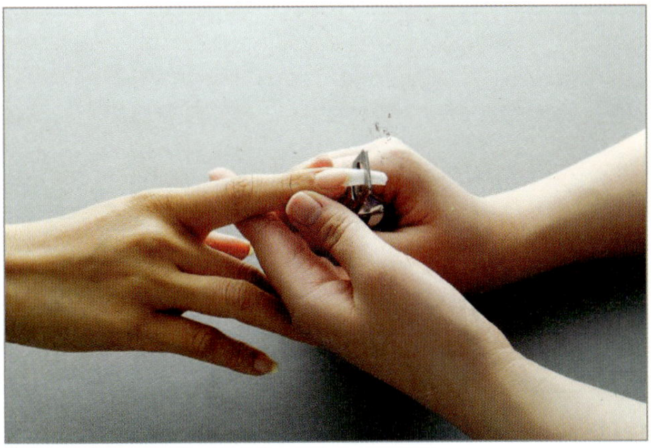

팁 자르기

⑧ 턱 제거를 한다.

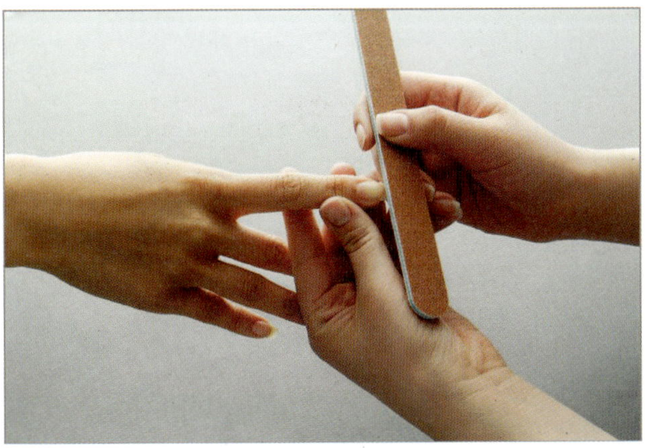

턱 제거

⑨ 손톱형을 잡아준다.

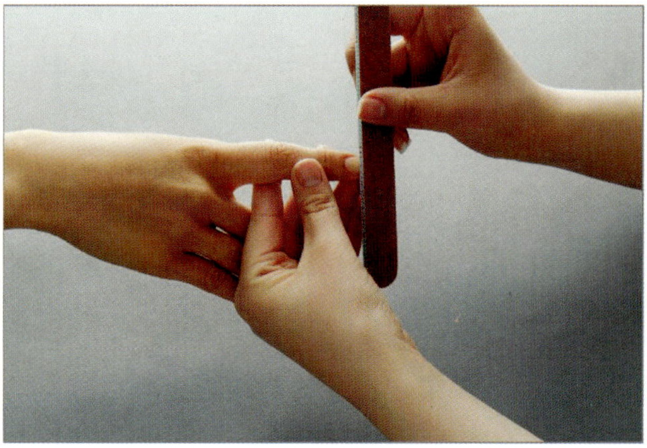

손톱형 잡아 주기

⑩ 프라이머를 바른다.

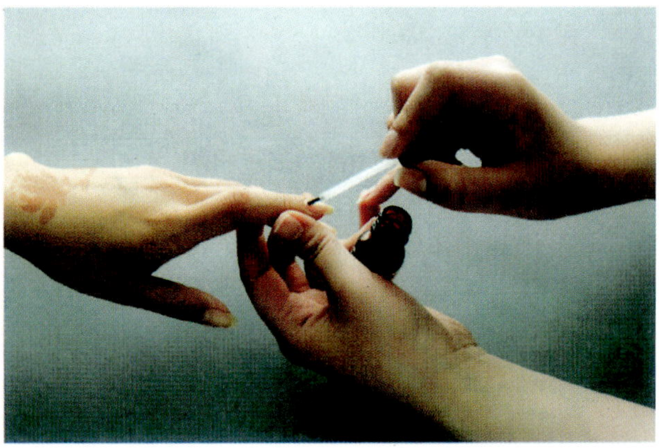

프라이머 바르기

⑪ 아크릴 볼을 올린다.

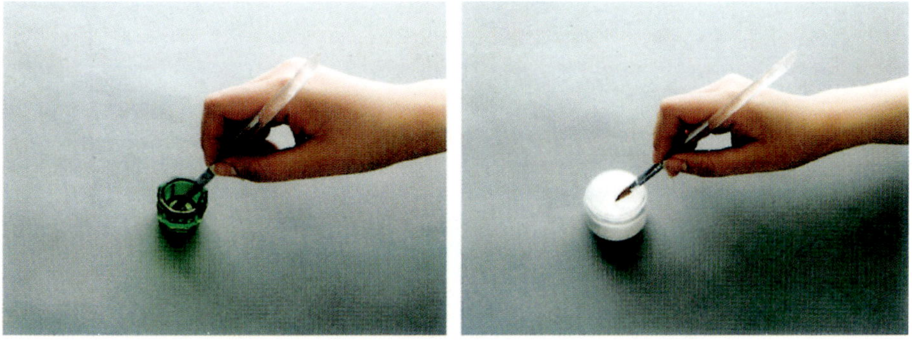

아크릴 볼 올리기

⑫ 붓으로 골고루 펴 바른다.

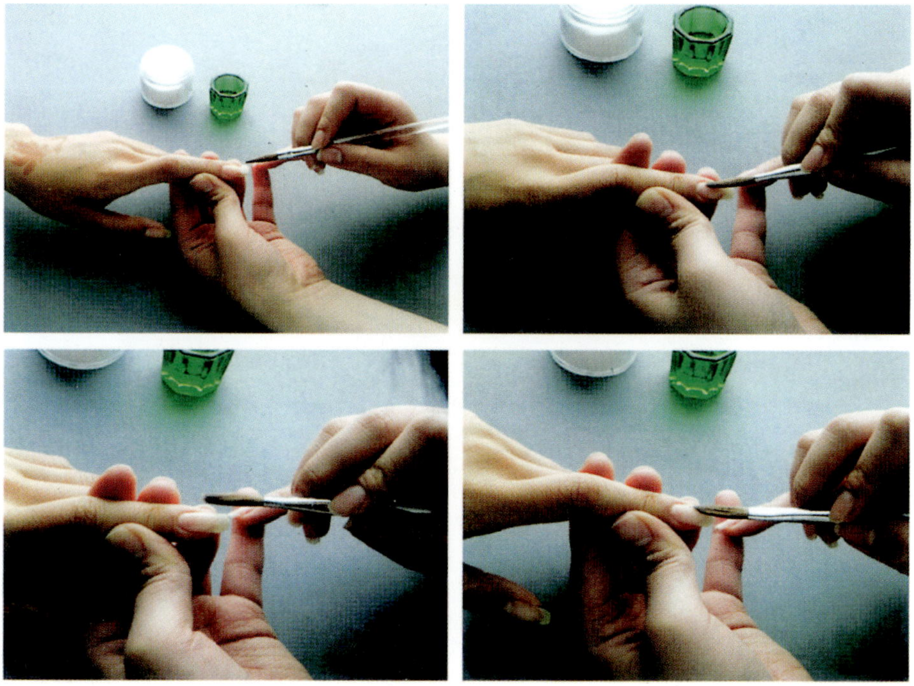

붓으로 펴 바르기

⑬ 브러시로 두드린다

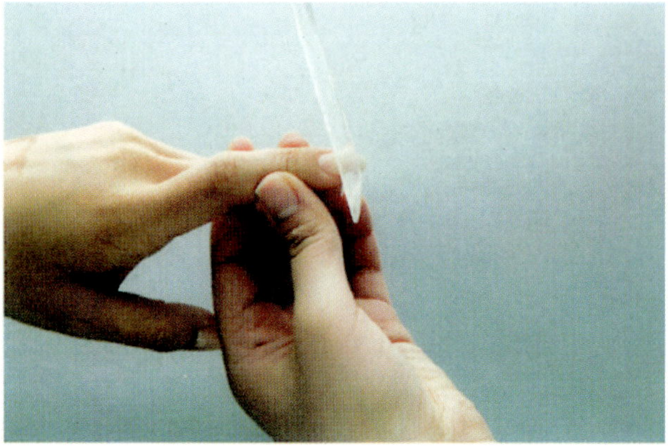

브러시로 두드리기

⑭ 턱을 갈아준다.

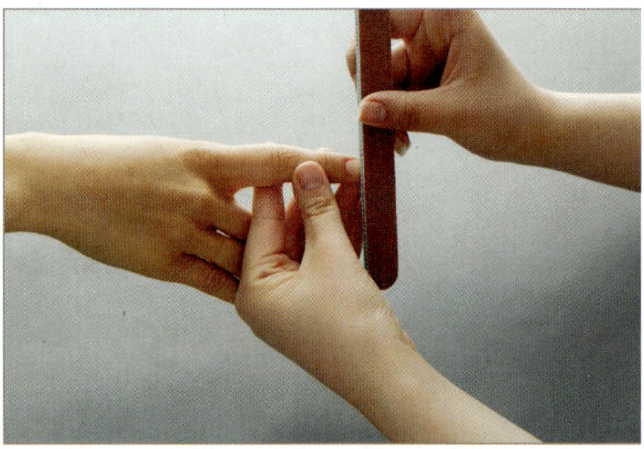

턱 갈기

⑮ 블랙버퍼로 매끄럽게 표면을 정리한다.

표면 정리하기

⑯ 오일을 바른다.

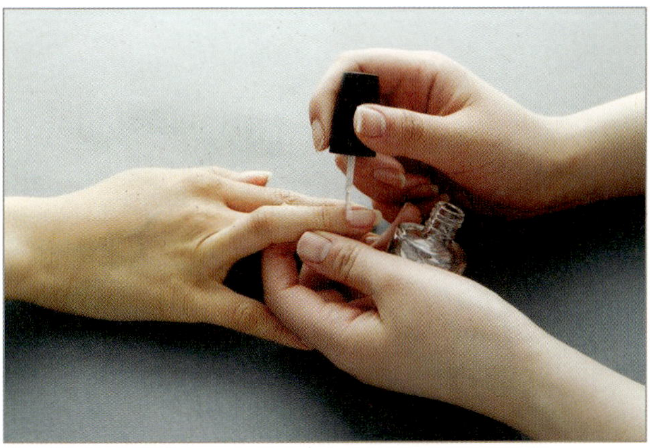

오일 바르기

⑰ 오렌지 우드 스틱으로 마지막 정리를 한다.

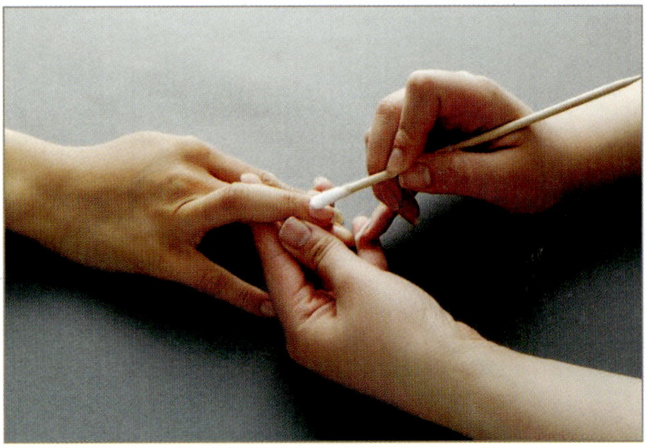

유분기 제거하기

⑱ 베이스 코트, 에나멜, 톱 코트를 바른다.

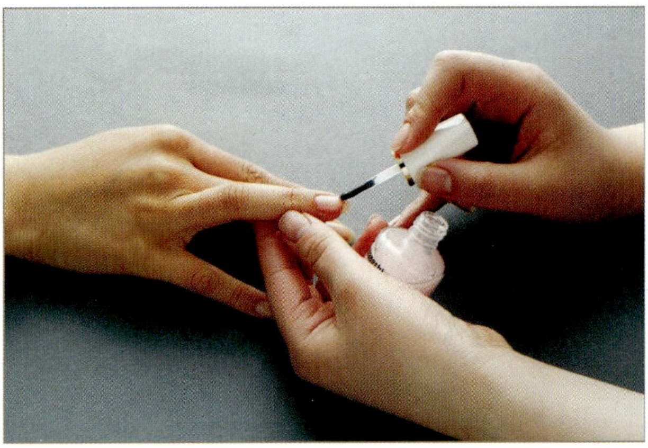

베이스 코트 바르기

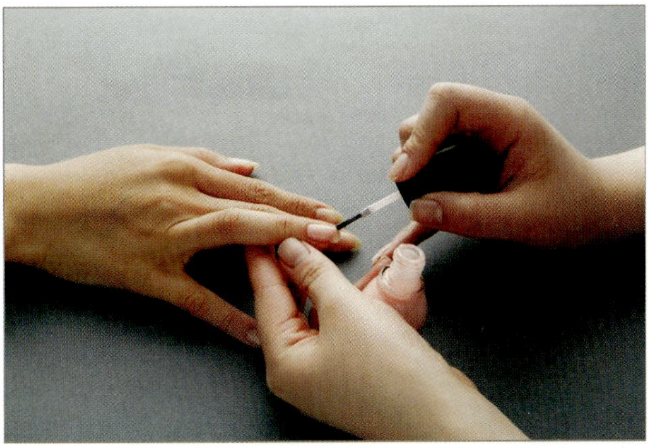

에나멜 바르기

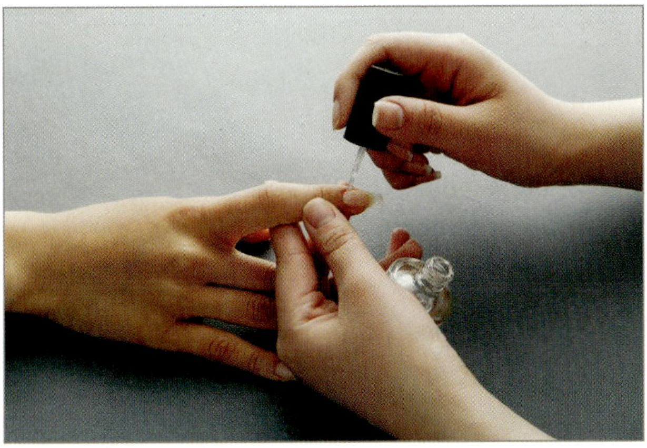

톱 코드 바르기

(3) 스컬프쳐 네일 시술 방법

① 손을 소독한다.

소독제를 묻혀 손을 소독한다.

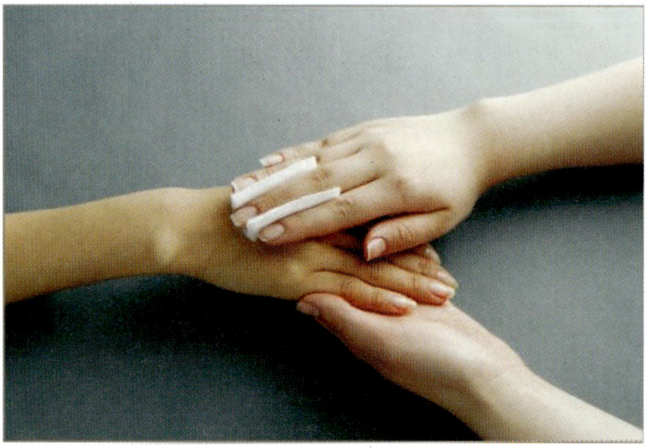

손 소독하기

② 에나멜을 제거한다.

에나멜 리무버를 묻혀 에나멜을 제거한다.

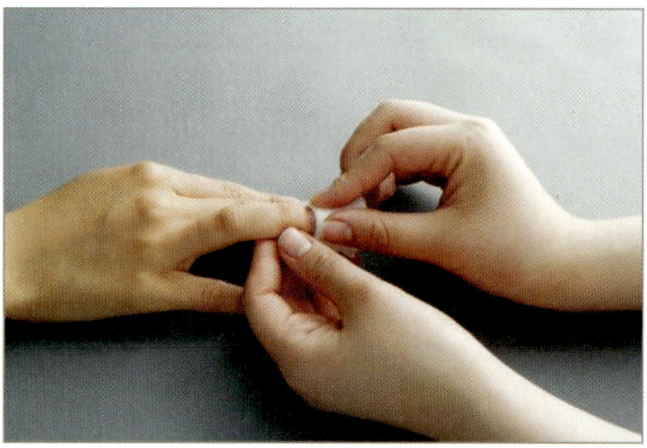

에나멜 제거하기

③ 큐티클을 밀어 정리한다.

스톤 푸셔로 큐티클을 가볍게 밀어 정리한다.

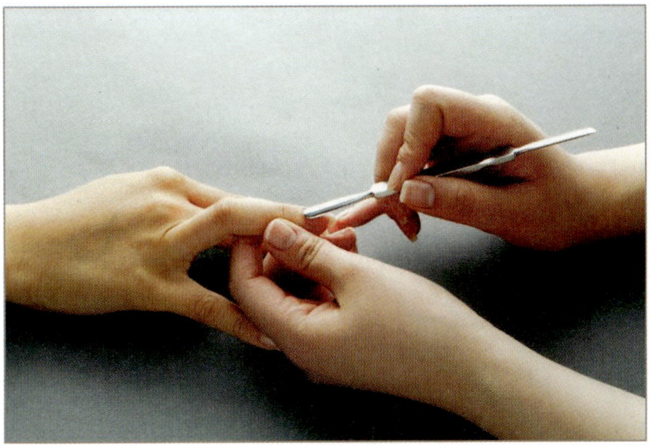

큐티클 정리하기

④ 광택을 제거한다.

손톱의 광택과 유분기를 제거한다.

광택 제거하기

⑤ 아크릴 폼을 끼운다.

손톱 모양에 맞게 폼을 선택하여 손톱 밑부분에 폼을 끼운다.

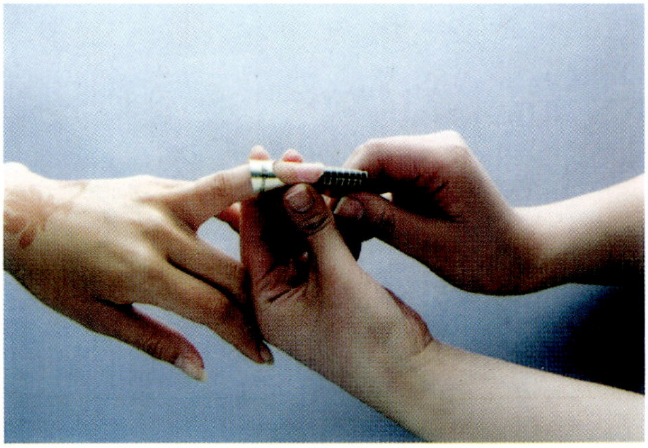

아크릴 폼 끼우기

⑥ 프라이머를 바른다.

피부에 프라이머가 묻지 않게 바른다.

프라이머 바르기

⑦ 리퀴드 아크릴과 파우더 브러시를 준비한다.

브러시를 리퀴드 용액에 담근 후 브러시에 묻어 있는 리퀴드의 양을 조절한다.

⑧ 파우더를 묻힌 다음 프리 엣지 부분에 스마일 라인을 만든다.

파우더를 묻힌 브러시를 프리 엣지 부분에 볼을 올려놓은 다음 C커브를 만든다.

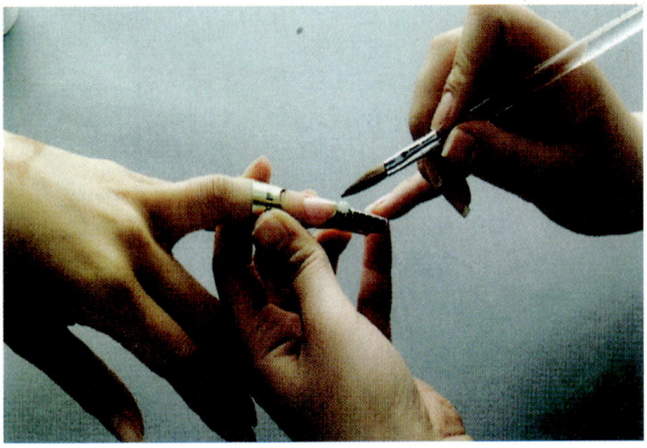

스마일 라인 만들기

⑨ 핑크 파우더를 올려놓는다.

핑크볼을 만들어 손톱 중앙에 올려놓고 네일 플레이트와 프리 엣지를 연결한다.

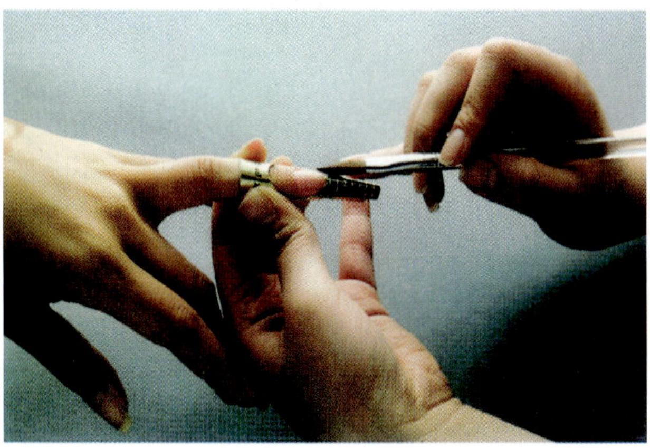

핑크 파우더 올리기

⑩ 큐티클 부위에 핑크볼이 작은 양을 올려놓는다.

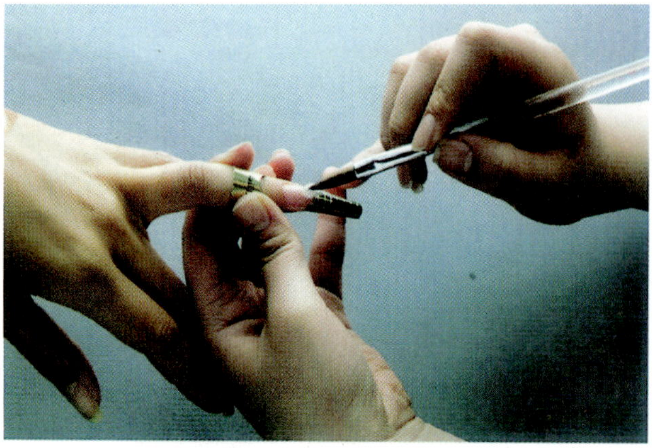

핑크볼 올려놓기

⑪ 스트레스 포인트 누르기

완전히 마르기 전에 스트레스 포인트 부분을 시술자의 엄지를 이용하여 눌러 준다.

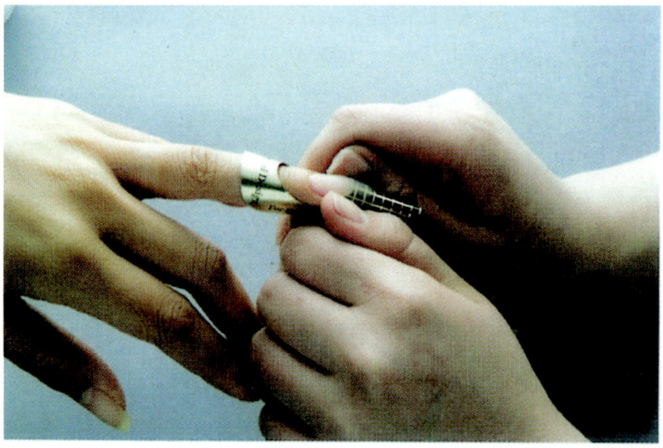

스트레스 포인트 누르기

⑫ 네일 폼을 빼고 파일링한다.

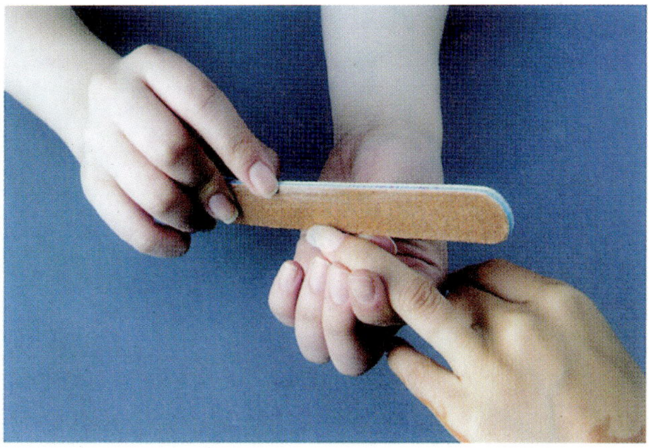

네일 폼 빼고 파일링하기

⑬ 블랙버퍼로 버핑한다.

블랙버퍼로 표면을 매끄럽게 샌딩한다.

버핑하기

⑭ 큐티클 오일을 바른다.

손톱의 안쪽과 바깥쪽에 오일을 발라 마무리한다.

⑮ 완성

완성

(4) 아크릴 네일 제거

① **손 소독하기**

② **아세톤에 담그기**: 아세톤을 넣을 용기에 네일이 담길 정도로 리무버를 1/3 정도 넣고 5~10분 동안 담가둔다.

③ **아크릴 네일 떼어내기**: 5~10분 정도 지난 후에 오렌지 우드 스틱 끝으로 조심스럽게 자연 네일로부터 아크릴 네일을 밀어서 떼어낸다.

④ **버핑**: 오일을 바른 후 손톱에 가볍게 버핑하여 남아 있는 여분을 제거한다.

⑤ **보습**: 손톱을 큐티클오일로 보습을 주고 큐티클을 정리한다.

10

젤 네일(gel nail)

젤의 종류로는 라이트큐어드 젤과 노라이트큐어드 젤이 있으며 젤 네일은 냄새가 나지 않으며 시술이 용이하고 광택이 없어지지 않는 장점을 가지고 있다.

1) 팁 위드 젤(tip with gel)

팁을 연장한 후 네일과 팁 위에 클리어 젤을 오버레이하여 네일 두께 보강 및 길이 연장을 하는 젤 시술이다.

(1) 준비물/재료

젤 램프, 연장팁, 팁커터기, 젤글루, 글루드라이어, 네일 파일, 더스트 브러시, 클리어 젤, 젤 브러시, 베이스젤, 탑젤, 젤 클렌저, 화장솜

준비물

(2) 팁 위드 젤 시술 방법

① 솜에 소독제를 묻혀 시술자와 고객의 손을 소독한다.

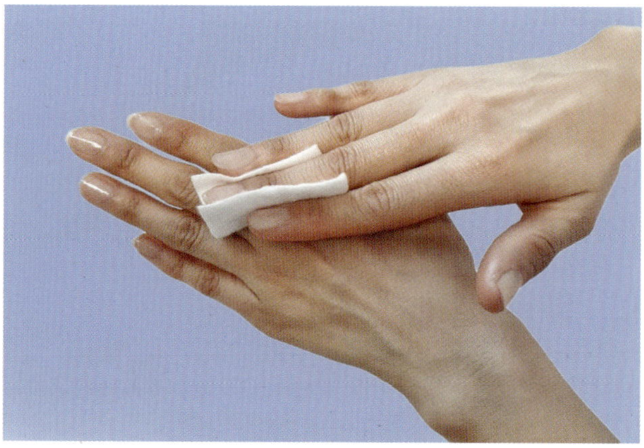

손 소독하기

② 연장하기 좋은 라운드 또는 오벌 모양으로 자연 손톱을 우드파일을 이용하여 다듬어 준다.

자연 손톱 다듬기

③ 디스크 패드로 손톱 밑 거스러미를 제거해 준다.

거스러미 제거

④ 더스트 브러시로 깨끗하게 털어낸다.

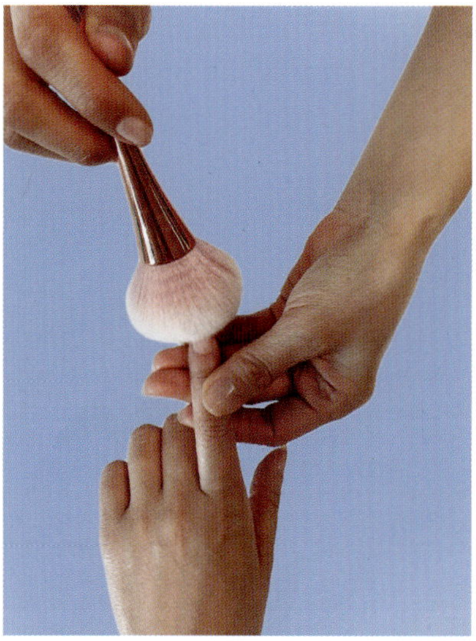

브러시로 떨어내기

⑤ 푸셔를 이용하여 큐티클을 밀어준다.

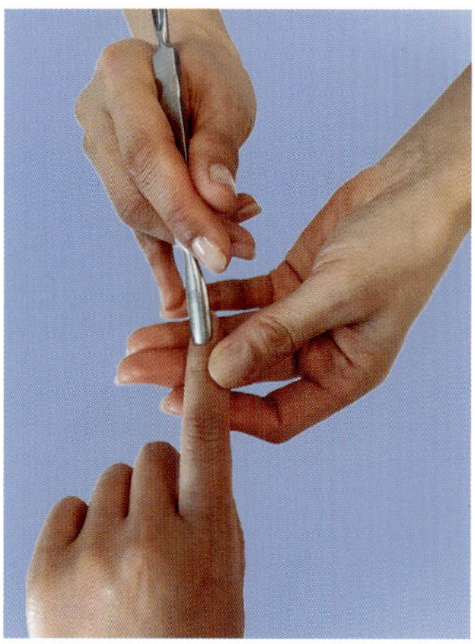

큐티클 밀어주기

⑥ 젤 클렌져를 솜에 묻혀 유분기를 제거해 준다.

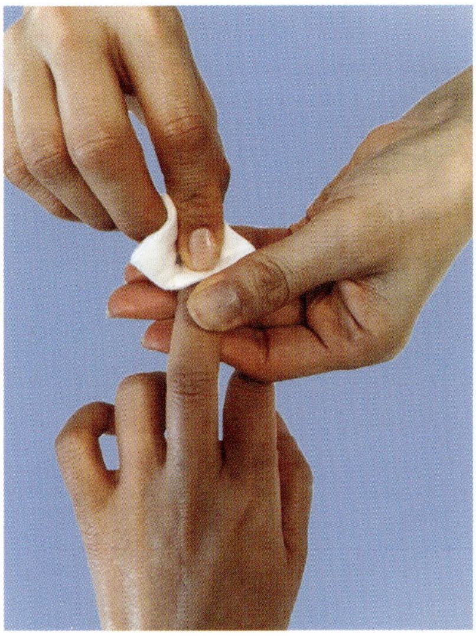

유분기 제거

⑦ 자연 손톱 크기에 맞는 팁을 골라 인조 팁 뒷면에 젤 글루를 발라준다.

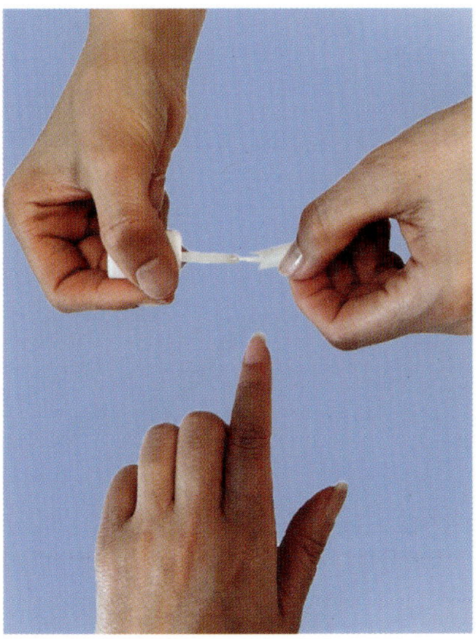

젤 글루 바르기

⑧ 인조팁을 자연 손톱에 부착하여 준다.

인조팁이 뜨지 않고 잘 붙도록 사이드를 양쪽 엄지손톱으로 눌러 준다.

인조팁 눌러주기

⑨ 팁 커터기로 90°를 유지하며 원하는 길이로 팁을 커팅한다.

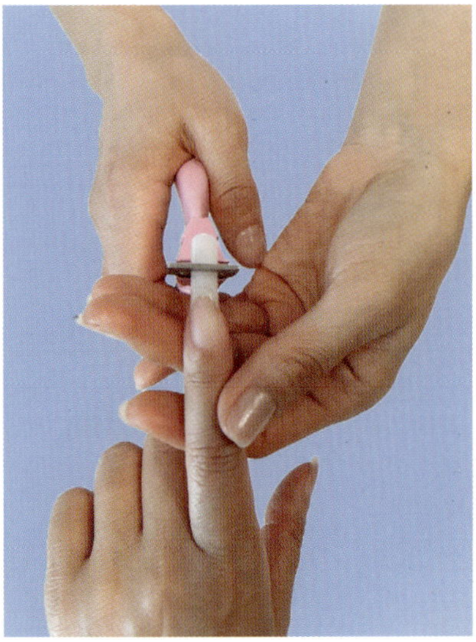

인조팁 커팅

⑩ 파일을 이용하여 팁턱을 제거해 준다.

자연 손톱과 큐티클이 손상되지 않도록 주의하며 파일링한다.

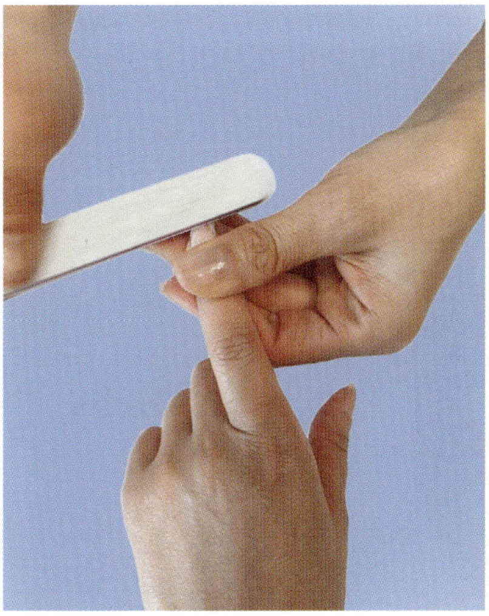

팁턱 제거

⑪ 파일을 이용하여 사이드와 전체적인 모양을 다듬어 준다.

⑫ 베이스젤을 자연 손톱과 인조팁 위에 발라준다.

베이스젤 바르기

⑬ 젤 램프에 큐어해 준다.

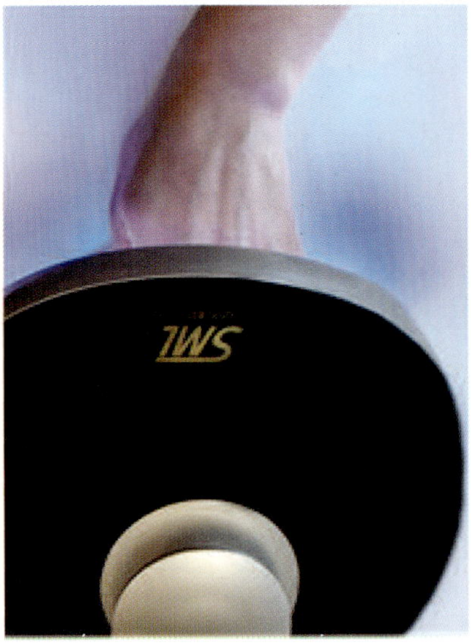

젤 램프 큐어하기

⑭ 클리어 젤로 전체적으로 오버레이 해 준다.

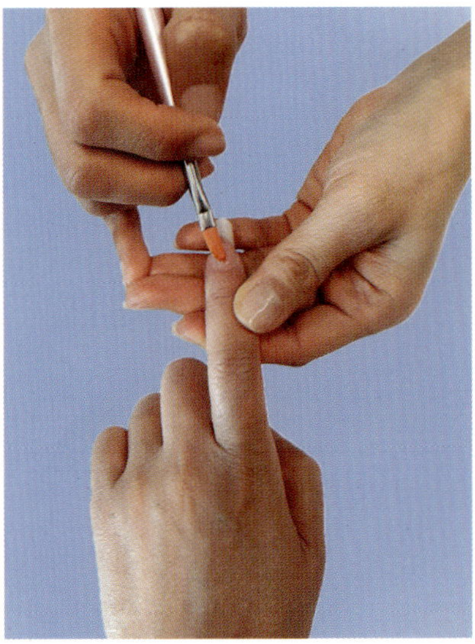

클러어 젤 오버레이

⑮ 젤 램프에 큐어 해 준다.

⑯ 젤 클렌저를 솜에 묻혀 미경화 젤을 닦아준다.

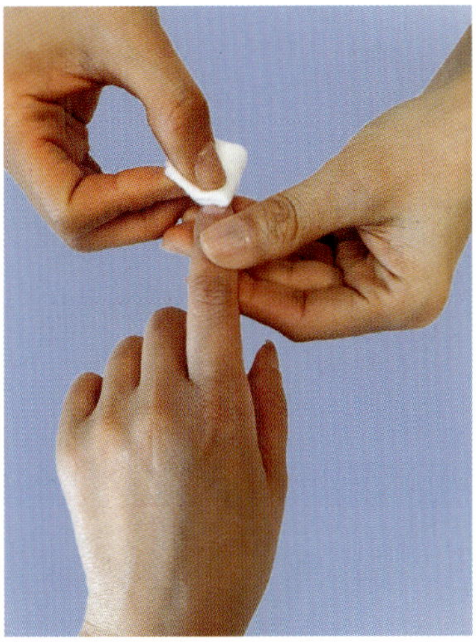

미경화 젤 닦아주기

⑰ 울퉁불퉁한 면을 파일, 샌딩블럭, 샌딩버퍼 등을 이용하여 정리한 후 더스트 브러시로 털어 준다.

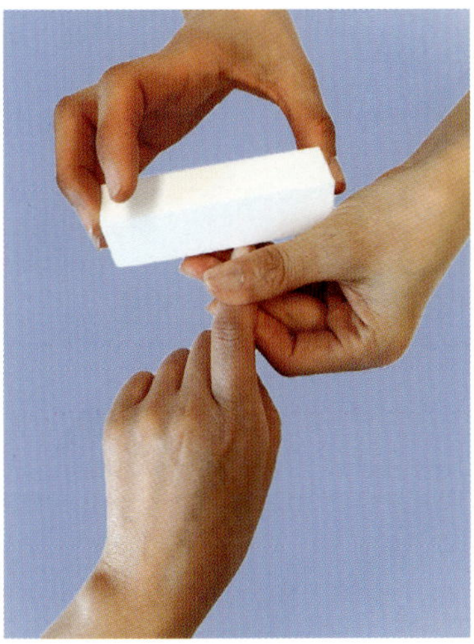

표면 정리

⑱ 유분기를 제거한 후 탑젤을 발라 준다.

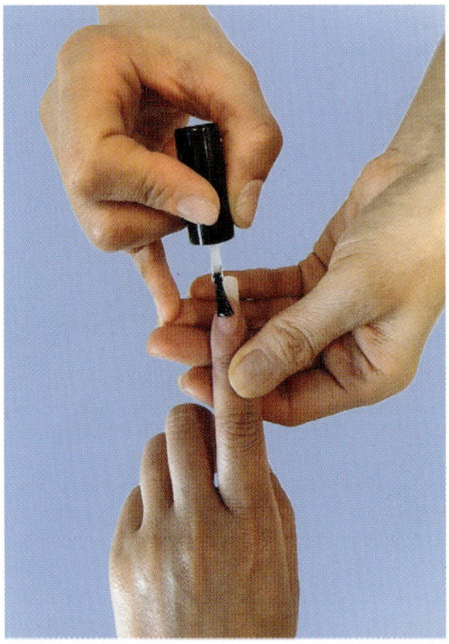

탑젤 바르기

⑲ 젤 램프에 큐어 해 준 후 큐티클 부분과 사이드에 오일을 발라 마무리 해 준다.

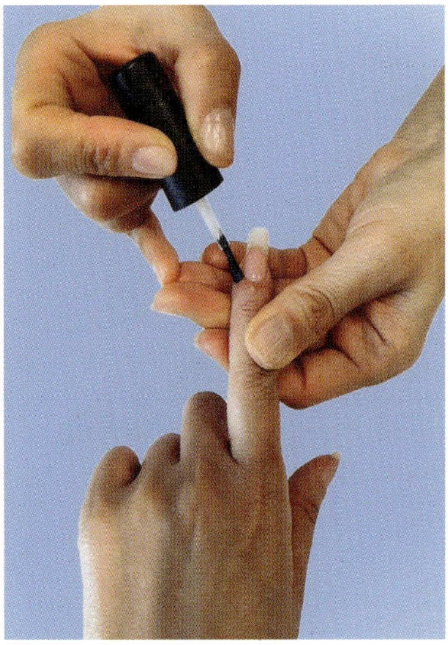

오일 바르기

⑳ 팁위드 젤 완성

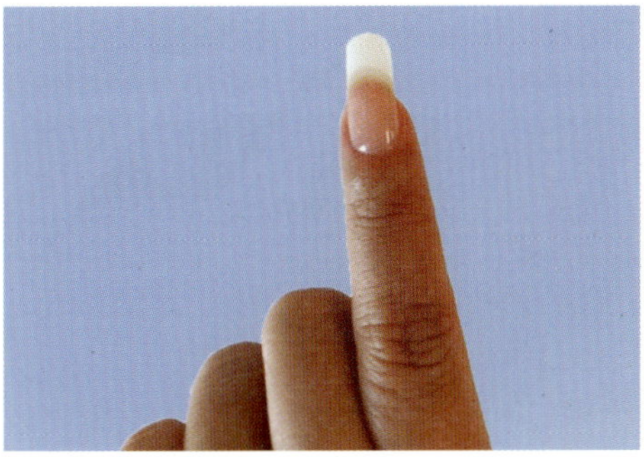

완성

2) 젤 원톤스캅춰

폼지를 자연 손톱에 끼워 클리어 젤을 올려 네일 두께 보강 및 길이를 연장하는 젤 시술이다.

(1) 준비물/재료

젤 램프, 연장 폼지, 네일 파일, 더스트 브러시, 클리어 젤, 젤 브러시, 베이스젤, 탑젤, 젤 클렌저, 화장솜

준비물

(2) 젤 원톤스캅춰 시술 방법

① 솜에 소독제를 묻혀 시술자와 고객의 손을 소독한다.

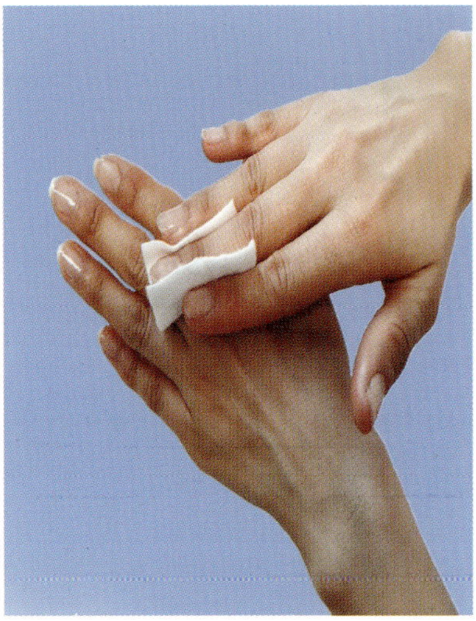

손 소독하기

② 연장하기 좋은 라운드 또는 오벌 모양으로 자연 손톱을 우드파일을 이용하여 다듬어 준다.

자연 손톱 다듬기

③ 디스크 패드로 손톱 밑 거스러미를 제거해 준다.

거스르미 제거하기

④ 더스트 브러시로 깨끗하게 털어낸다.

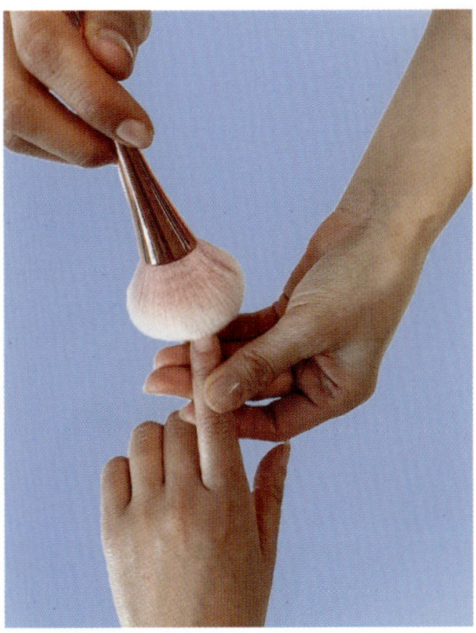

더스트 브러시로 털어내기

⑤ 푸서를 이용하여 큐티클을 밀어준다.

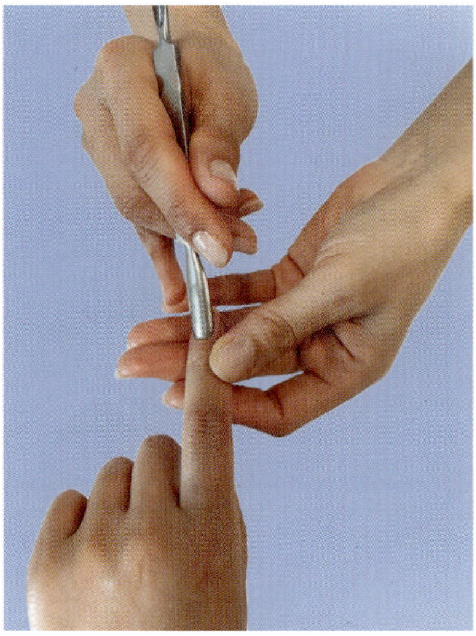

큐티클 밀어주기

⑥ 유분기를 제거해 준다.

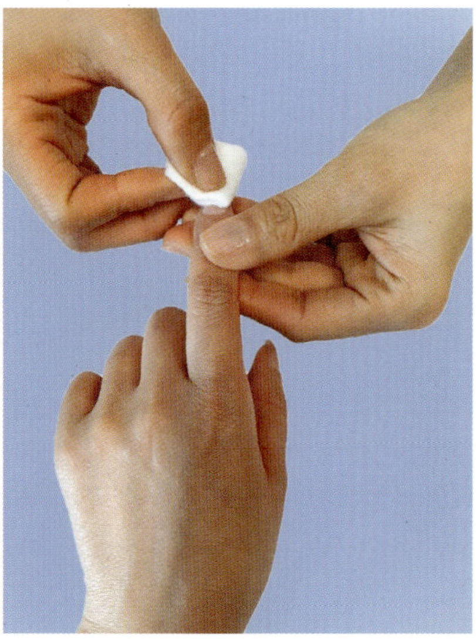

유분기 제거

⑦ 베이스젤을 자연 손톱에 발라준다.

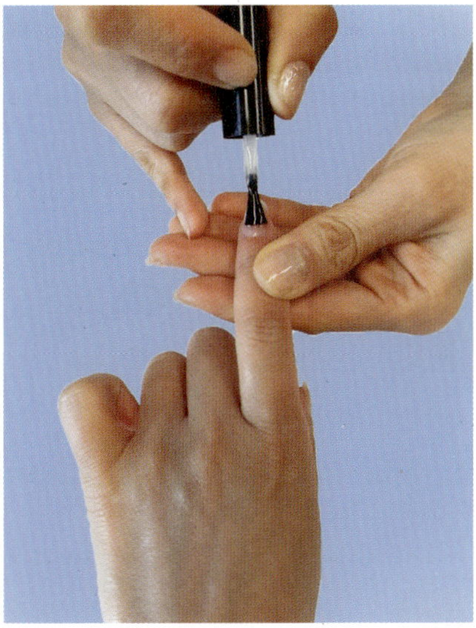

베이스젤 바르기

⑧ 젤 램프에 큐어 해 준다.

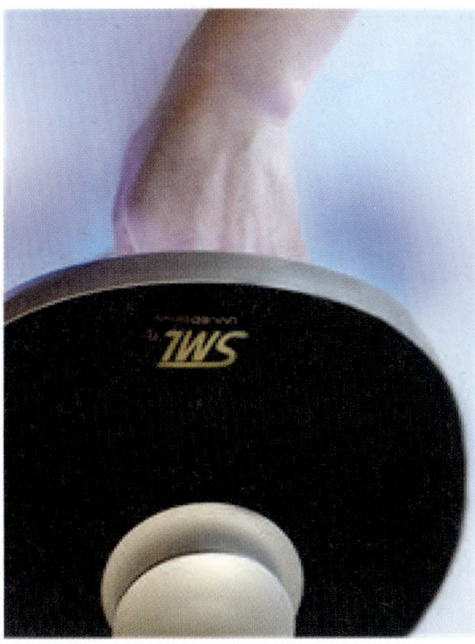

젤 램프로 큐어하기

⑨ 폼지를 자연 손톱에 맞게 안쪽을 잘라 준 후 11자로 폼지를 잡고 끼워준다.

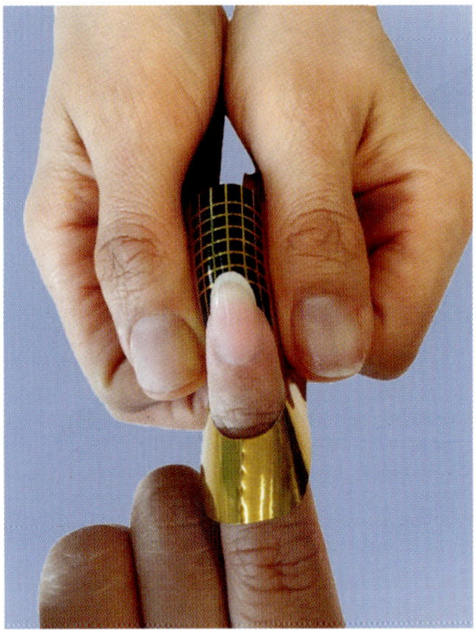

폼지 자르기

⑩ 프리 엣지 부분에 클리어 젤을 올려 플레이트 쪽으로 모양 잡으며 내려 온 후 젤 램프에 큐어 해 준다.

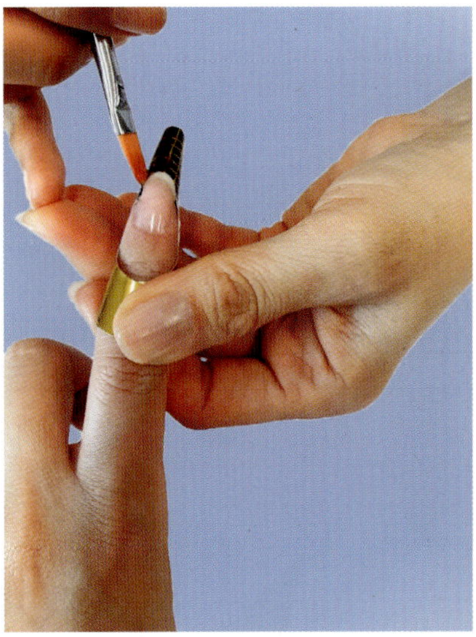

모양 잡기 ①

⑪ 플레이트 쪽에 클리어 젤을 올린 후 모양을 잡아 주고 위쪽으로 클리어 젤을 밀어 올리며 모양을 잡아준다.

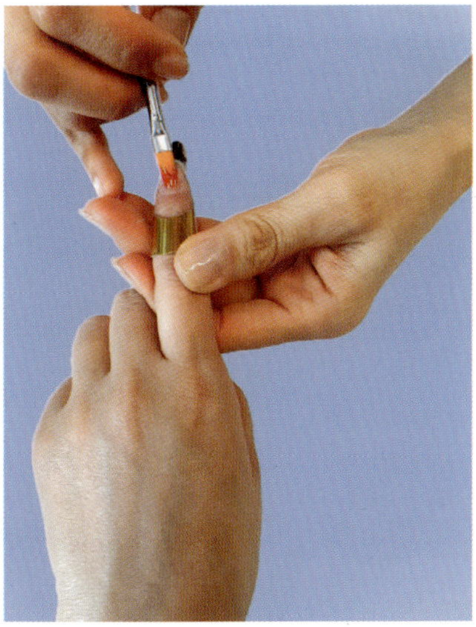

모양 잡기 ②

⑫ 젤 램프에 큐어 해 준다.

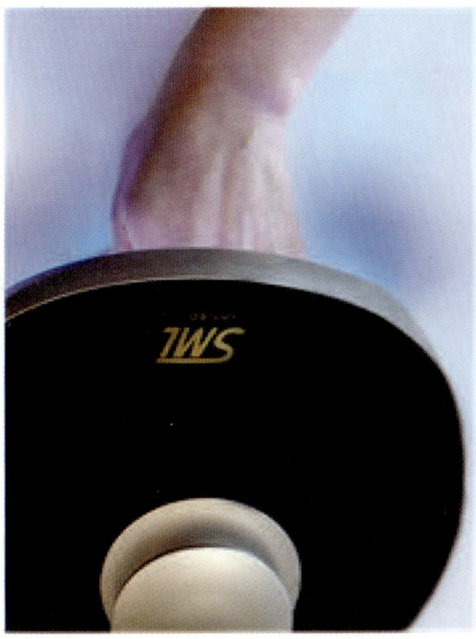

젤 램프로 큐어하기

⑬ 양쪽 엄지 손톱으로 모양을 잡아주는 핀칭 작업을 해 준다.

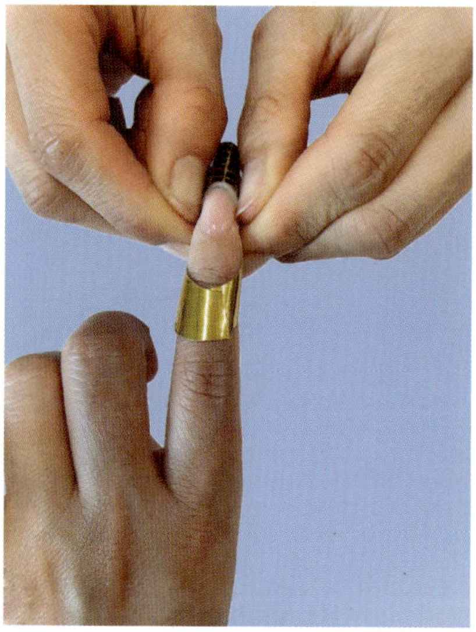

핀칭 작업하기

⑭ 폼지를 손가락 밑으로 내리며 제거해 준다.

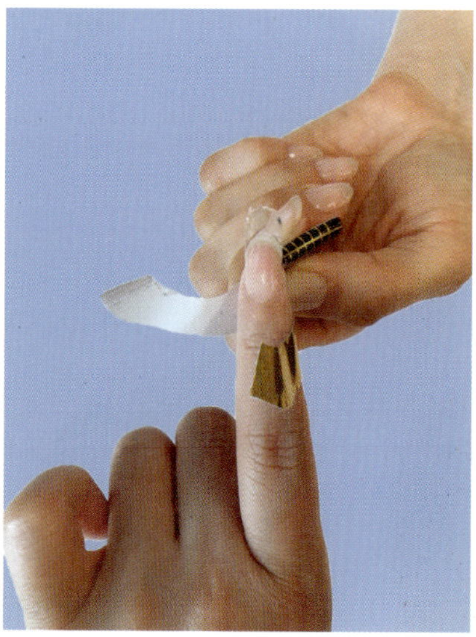

폼지 제거하기

⑮ 젤 클렌저를 솜에 묻혀 미경화 젤을 닦아준다.

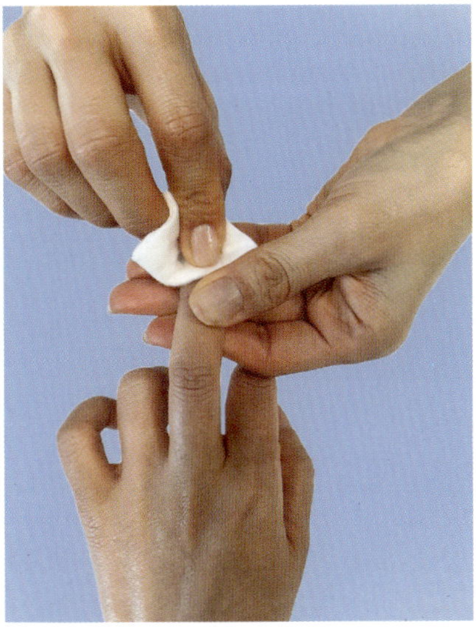

미경화 젤 닦아주기

⑯ 울퉁불퉁한 면을 파일, 샌딩블럭, 샌딩버퍼 등을 이용하여 정리한다.

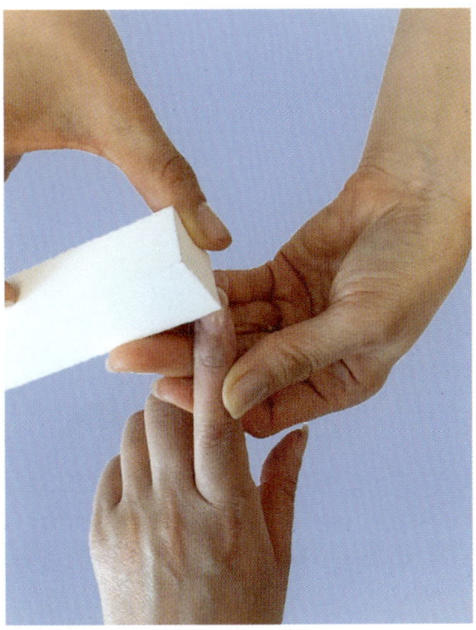

표면 정리

⑰ 사이드와 모양을 파일로 잡아준 후 더스트 브러시로 털어 준다.

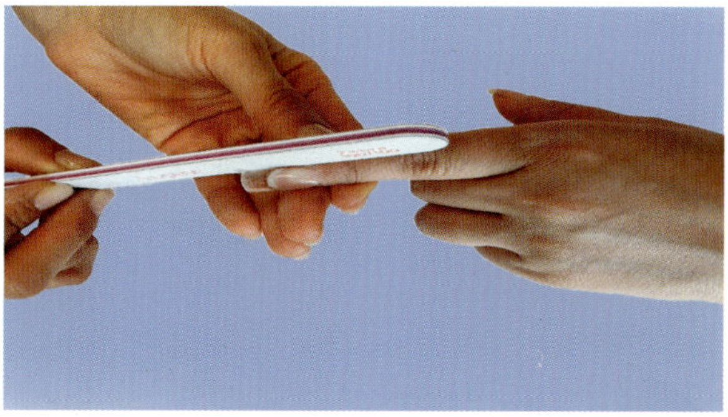

더스트 브러시로 털어주기

⑱ 솜에 젤 클렌저를 묻혀 유분기와 더스트를 제거 한 후 탑젤을 발라 준다.

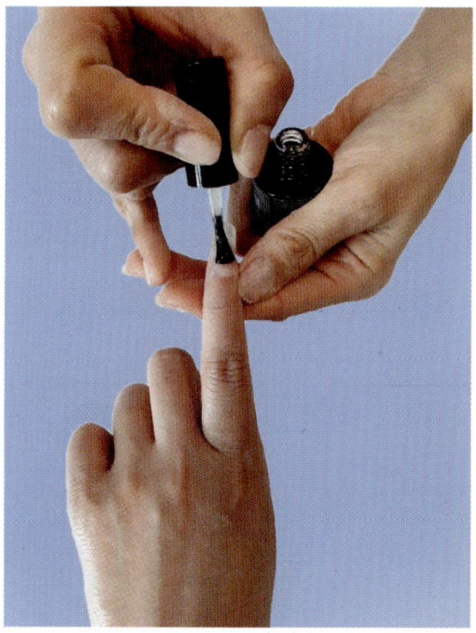

탑젤 바르기

⑲ 젤 램프에 큐어해 준 후에 큐티클 부분과 사이드에 오일을 발라 마무리 해 준다.

⑳ 젤 익스텐션 완성

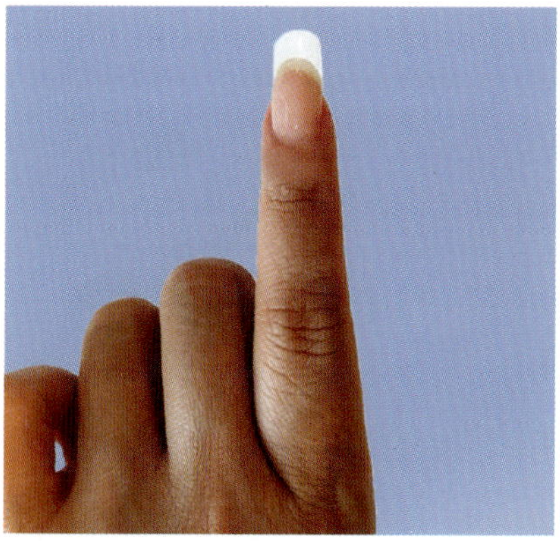

완성

11

왁싱(waxing)

왁싱waxing이란 신체에 있어서 불필요한 부분의 털을 제거 하는 일시적인 방법이다. 왁스를 녹여 원하는 부위의 피부에 얇게 펴서 천을 붙여 제거 하는 것으로서 장기적으로 왁싱할 경우 모근이 약화되어 자라는 속도가 줄어들기도 한다. 모가 다시 성장하는데 약 2~4주 정도 걸린다.

1) 왁싱의 종류

왁싱은 방식에 따라서 하드 왁싱과 소프트 왁싱, 슈가링 왁싱 3가지로 나뉜다.

(1) 하드 왁싱

가장 일반적인 방법으로 40~60도에서 왁스를 녹여 제모 부위에 바른 뒤 왁스가 마르면 뜯어내는 방식이다.

피부 자극이 비교적 적은 편이라 주로 얼굴이나 겨드랑이 등 예민한 부위에 사용되고 있다.

(2) 소프트 왁싱

70~90도의 고온에서 왁스를 녹인 뒤 천이나 부직포를 사용해 털이 난 방향대로 왁스를 펴 바르고, 털 반대 방향으로 떼어내는 방식이다.

주로 팔이나 다리 등 넓은 부위 시술 시에 사용한다.

(3) 슈가링 왁싱

일반 왁스가 아닌 물과 실탕, 레몬을 배합한 것이나.

털이 난 반대 방향으로 슈가링을 바른 뒤 털 반대 방향으로 떼어내는 방식이다.

슈가링 왁싱은 앞의 두 왁싱에 비해 통증이 가장 덜하다.

(1) 준비물

① **허니 왁스(honey wax)**: 제모에 사용되는 꿀
② **왁스 워머(wax warmer)**: 왁스를 바르고 떼어 낼 때 사용
③ **스파츌라(spatala)**: 피부부위의 탈모에 꿀을 바를 때 사용되는 나무
④ **크린싱 패드 또는 솜**
⑤ **족집게**: 모(毛)를 제거할 때 사용
⑥ **오일(oil)**: 왁스 제거 후, 남아 있는 여분의 왁스를 제거 할 때 사용
⑦ 가위, 안티셉틱, 오렌지 우드 스틱, 피부진정제

준비물

(2) 시술

① 왁싱을 머신에 올려놓고 예열시킨다.

왁싱 예열

② 손 소독하기

안티셉틱 또는 알코올을 이용하여 시술자와 고객의 손을 소독한다.

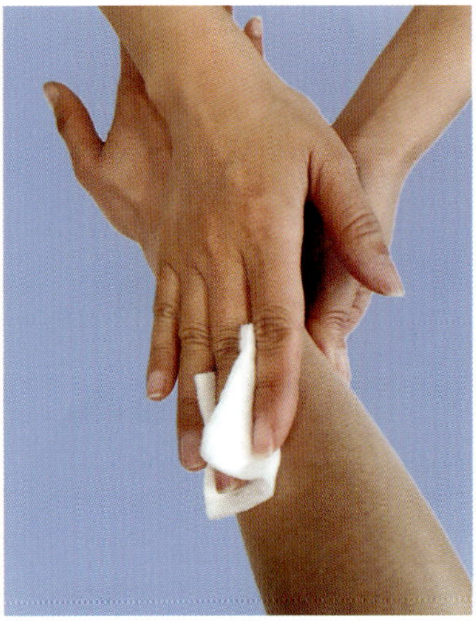

손 소독하기

③ 파우더 바르기

제모할 부위에 파우더를 발라 유분과 수분을 제거한다.

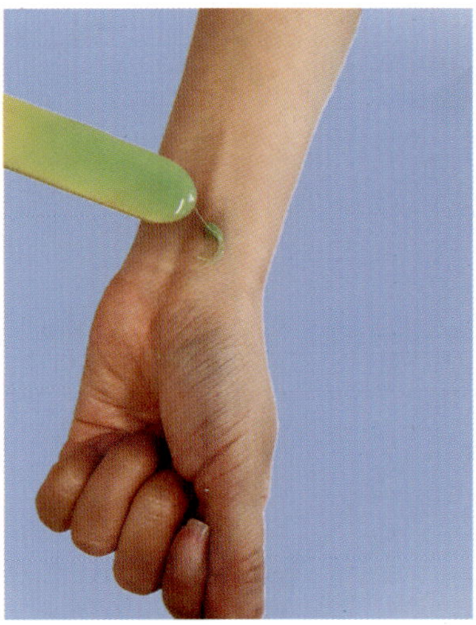

파우더 바르기

④ 온도 테스트하기

시술자의 손목 안쪽에 왁스를 묻혀 온도를 테스트한다.

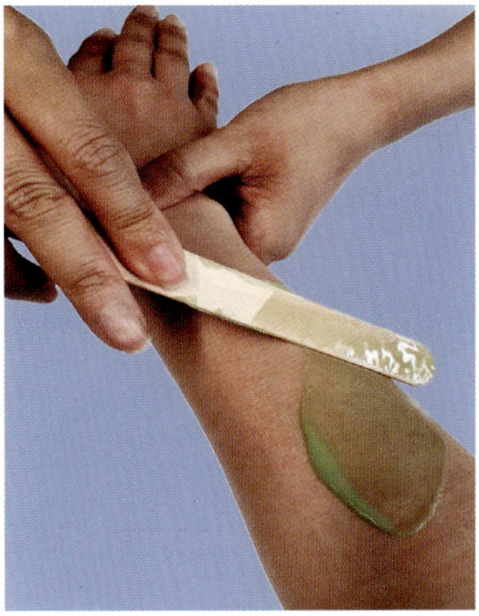

온도 테스트하기

⑤ 허니왁스 바르기

적당량의 왁스를 스파출라로 덜어 털이 자란 방향으로 얇게 펴 바른다. 스파출라의 각도는 45도를 유지해야 한다.

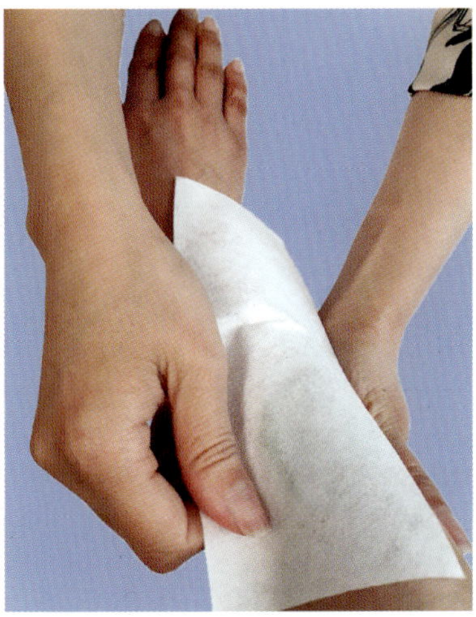

허니왁스 바르기

⑥ 무슬린 천 대기

무슬린 천을 허니왁스가 발라진 위에 편 다음 잘 눌러 준다. 잡고 떼어 내야 할 천의 공간이 필요하므로 허니왁스를 무슬린 천보다 더 넓게 펴 바르지 않는다.

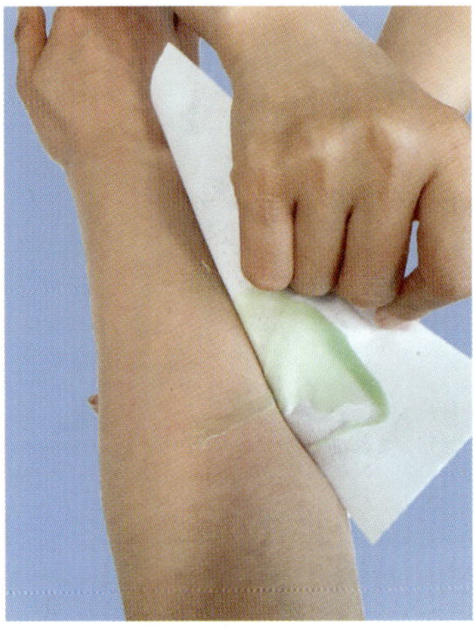

무슬린 천 대기

⑦ 무슬린 천 떼어내기

털이 자라난 방향의 피부를 한 손으로 당겨 주고 다른 한손으로는 무슬린 천의 끝을 잡는다. 털이 자라는 반대방향으로 천을 재빨리 낮은 각도로 잡아뗀다.

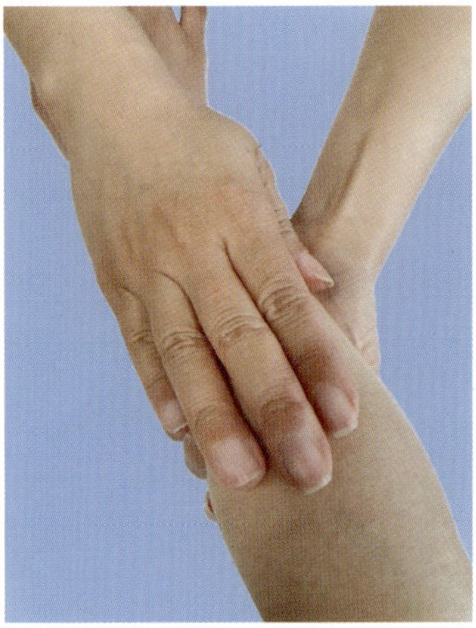

무슬린 천 떼어내기

⑧ 피부 진정시키기

제모한 부위를 일시적으로 진정시켜 주기 위해 손으로 가볍게 눌러준다.

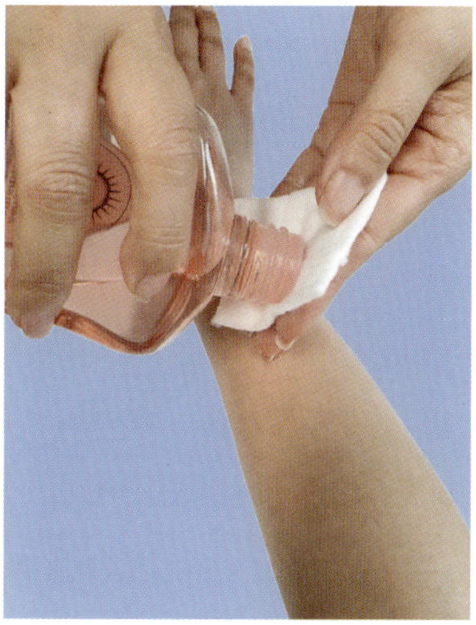

피부 진정시키기

⑨ 남은 허니왁스 제거하기

오일을 솜에 묻혀 남아 있는 허니왁스를 제거한다.

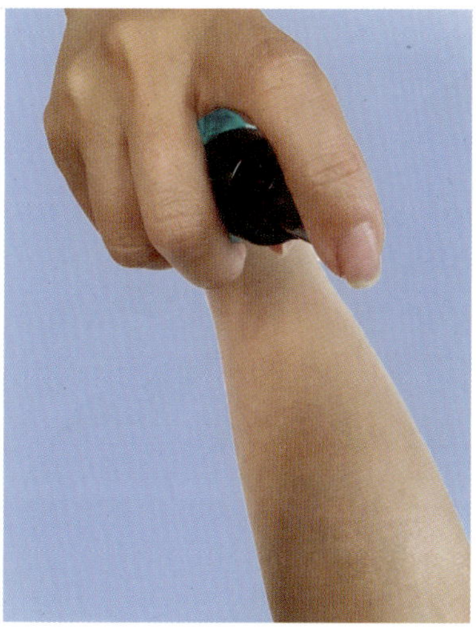

남은 허니왁스 제거하기

⑩ 족집게로 정리하기

남아 있는 털을 족집게를 사용하여 털이 자라난 방향으로 뽑는다.

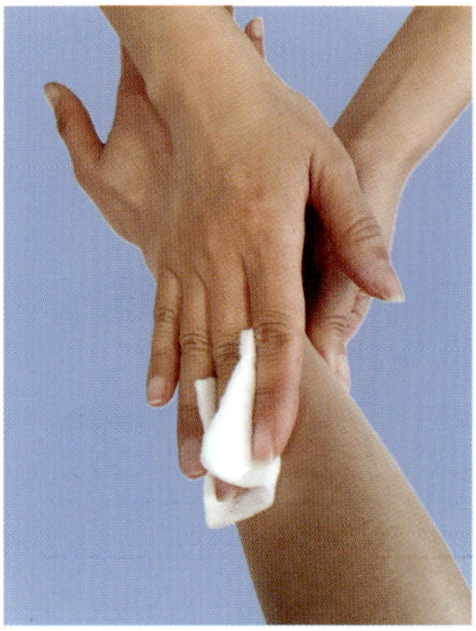

족집게로 정리하기

⑪ 안티셉틱 뿌리기

왁싱이 끝난 부위에 안티셉틱을 발라 소독한다.

안티셉틱 뿌리기

⑫ 피부진정제나 파우더 바르기

피부진정제 또는 파우더를 발라 놀란 피부를 진정시켜 준다.

MEMO

It creates

Nail

Beauty Art

Chapter 03

디자인 아트

1. 핸드 페인팅(hand painting)
2. 워터 데칼(water decals)
3. 스트라이핑 테이프
4. 마블
5. 생화네일디자인
6. 데코레이션아트
7. 3D
8. 에어브러시

1

핸드 페인팅(hand painting)

아트 물감으로 손톱에 무한한 세계를 그려 넣을 수 있는 핸드 페인팅은 아크릴 붓으로 조그마한 손톱에 그림을 그려 넣는 것을 말한다.

핸드 페인팅

(1) 준비물

① 아크릴 페인트 물감

② 아트 브러시

③ 물컵

④ 오렌지 우드 스틱

⑤ 종이타월

⑥ 팔레트

(2) 시술 방법

① 오렌지 우드 스틱을 이용하여 오늘 디자인할 색을 팔레트에 덜어 준비한다.

② 브러시에 아트 물감을 충분히 묻혀 자기가 원하는 디자인을 그린다(디자인의 크기에 따라 브러시도 달리 한다.).

③ 충분히 말린 디자인 위에 톱 코트를 바른다.

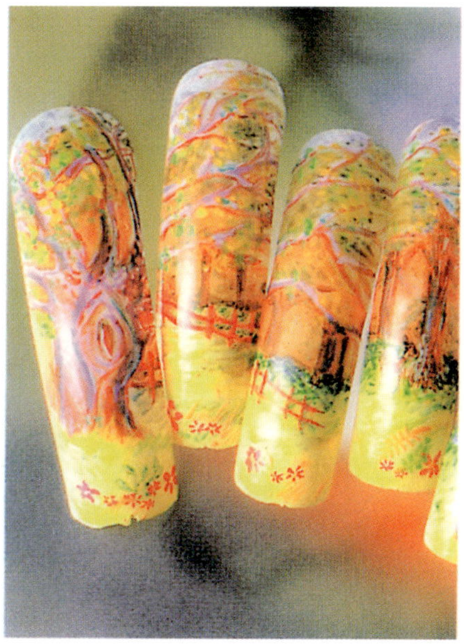

핸드 페인팅

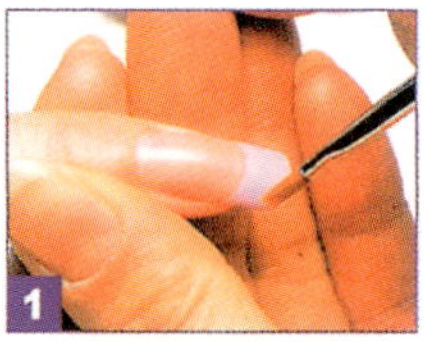

보라 계열의 색으로 프렌치를 그린다.

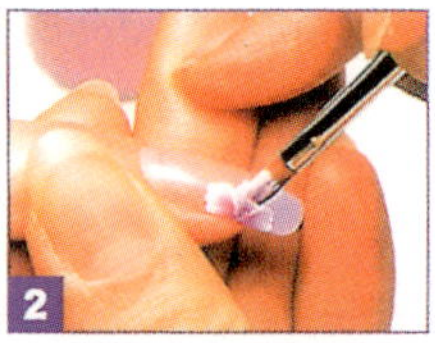

흰색과 붉은 계열의 보라색으로 꽃잎을 그린다.

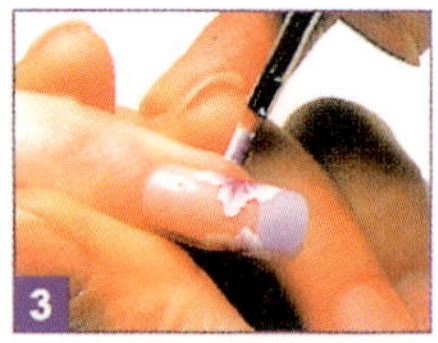

같은 방법으로 한 번에 두 가지의 느낌을 준다.

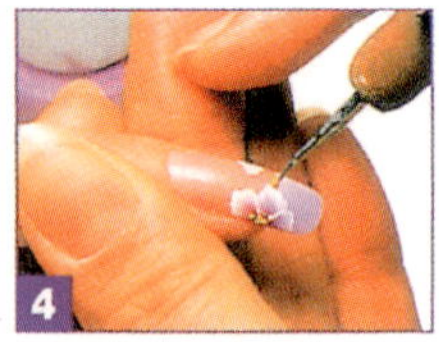

노란색으로 꽃씨를 찍어준다.

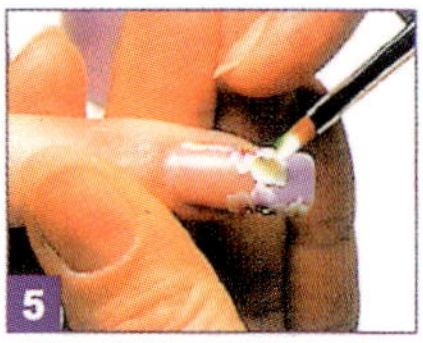

흰색과 연두색으로 잎사귀를 그린다.

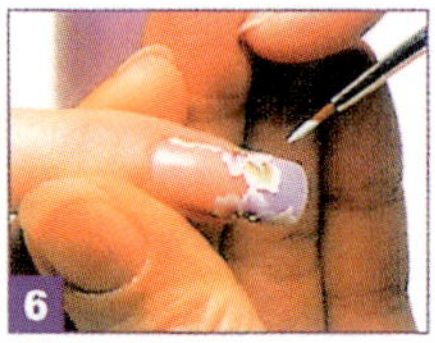

흰색으로 잎맥을 그린다.

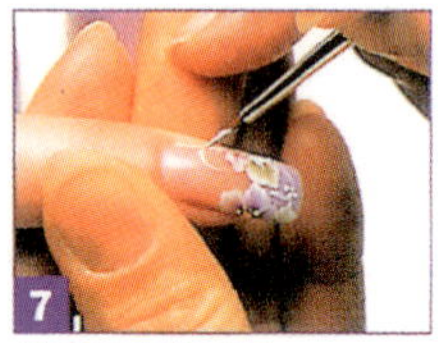

흰색으로 넝쿨을 그린다.

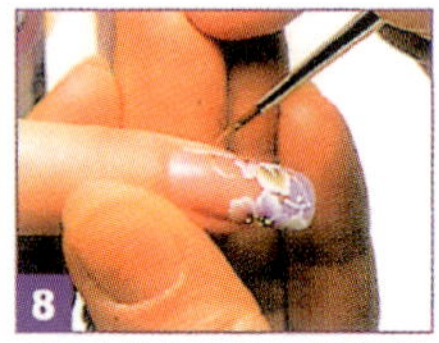

골드 펄 색으로 넝쿨을 그리고 탑코트

핸드 페인팅

2

워터 데칼(water decals)

데칼은 판박이 형태로 여러 형태의 디자인이 되어 있는 것을 말한다. 원하는 디자인을 잘라 물에 불린 다음 손톱에 붙이는 것이 특징이다.

워터 데칼

(1) 재료

① 데칼

② 족집게

③ 물이 담겨진 용기

(2) 시술 방법

① 자신이 디자인할 데칼을 선택하여 자르고 물에 30초정도 담가 놓는다.

데칼 자르기

② 손톱에 에나멜을 바르고 말린다.

에나멜 바르기

③ 물에 넣어둔 데칼을 꺼내 문양을 떼어내고 물기를 제거한 다음 손톱에 붙인다.

손톱에 붙이기

④ 톱 코트를 바른다.

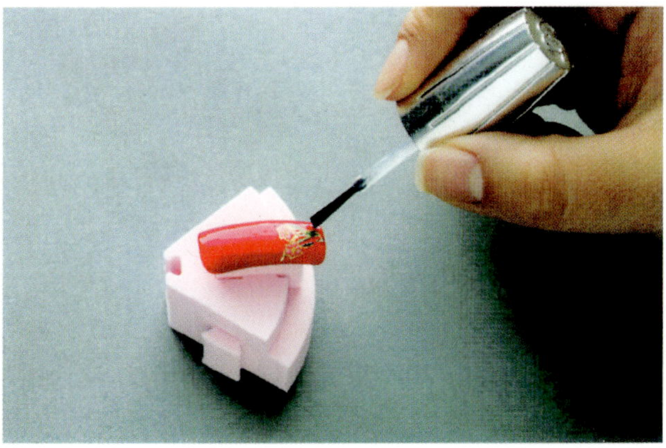

톱 코트 바르기

3

스트라이핑 테이프(striping tape)

네일 아트용으로 가는 테이프를 이용하여 디자인하는 방법이다.

준비물

(1) 재료

① 스트라이핑 테이프(다양한 색상의 테이프)

② 에나멜, 톱 코트

③ 가위

(2) 시술 방법

① 테이프를 큐티클 라인에서 1.5mm 정도 남겨두고 잘라 붙인다.

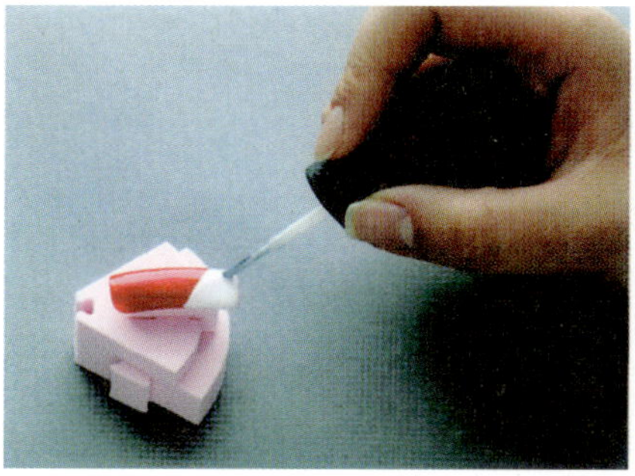
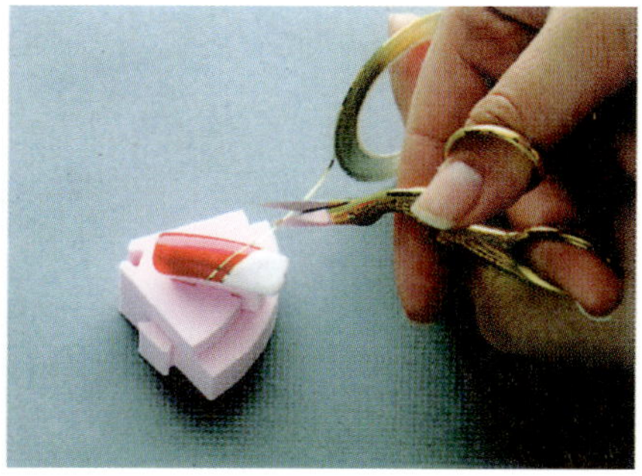

잘라 붙이기

② 톱 코트를 발라서 마무리한다.

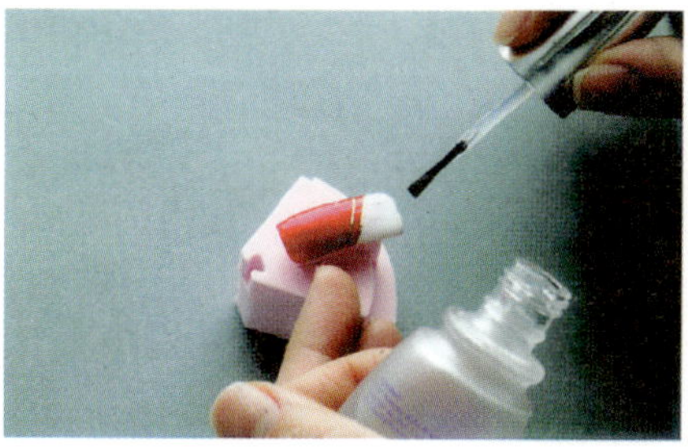

톱 코트 바르기

4

마블(marble)

물속에 물감을 섞어 비대칭적인 표현을 네일 아트에 적용한 것으로서 예술적 감각이 뛰어난 방법이다.

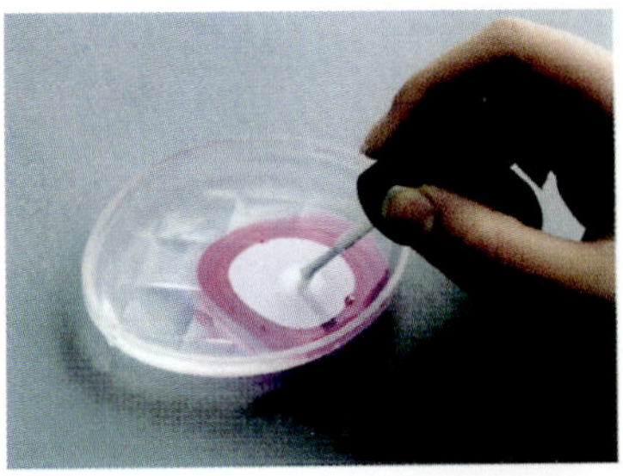
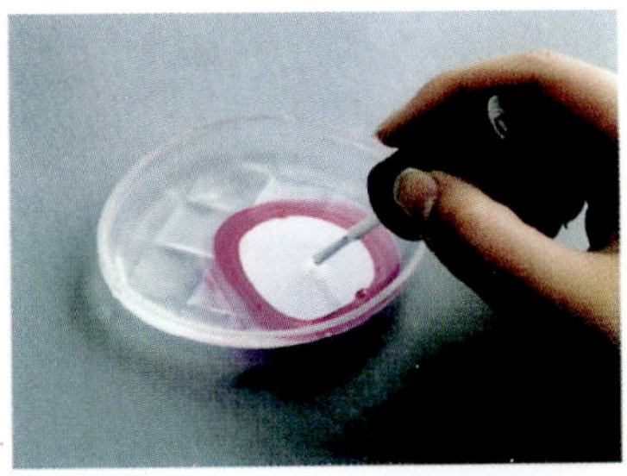
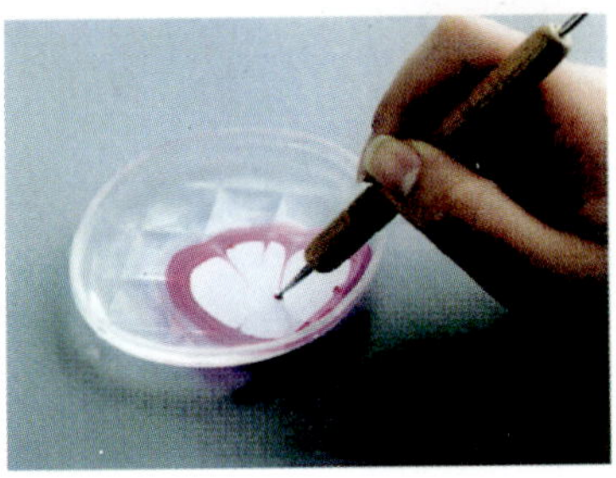

마블

(1) 재료

① 여러 색상의 에나멜

② 오렌지 우드 스틱

(2) 시술 방법

① 에나멜을 두텁게 바른다.

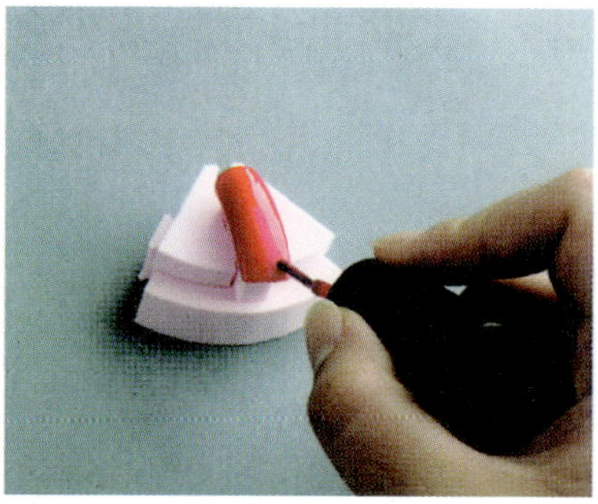

에나멜 바르기

② 에나멜이 마르기 전 원하는 색상을 떨어뜨려 오렌지 우드 스틱이나 마블러를 사용하여 디자인한다.

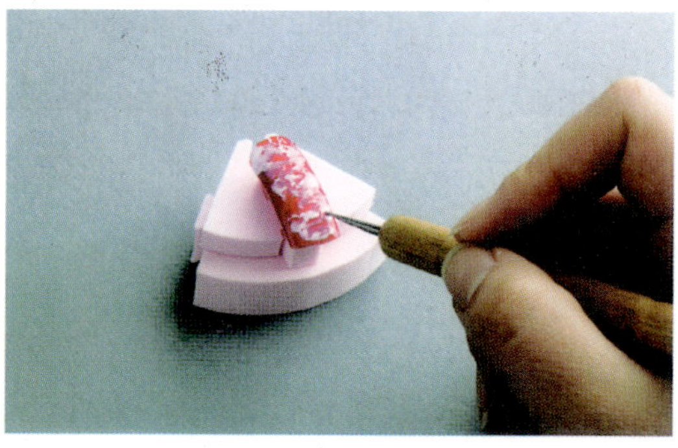

디자인하기

③ 톱 코트를 바른다.

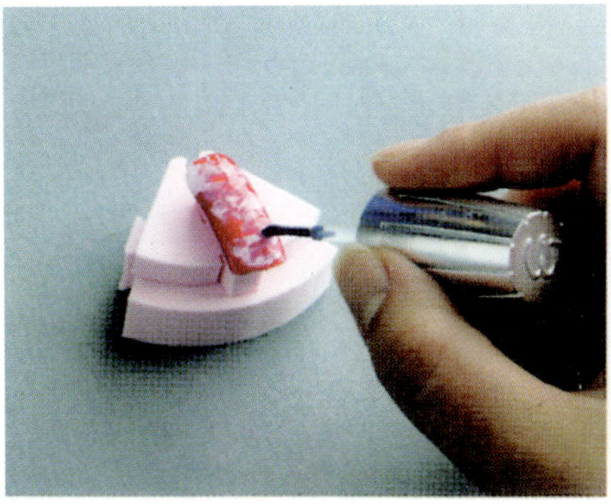 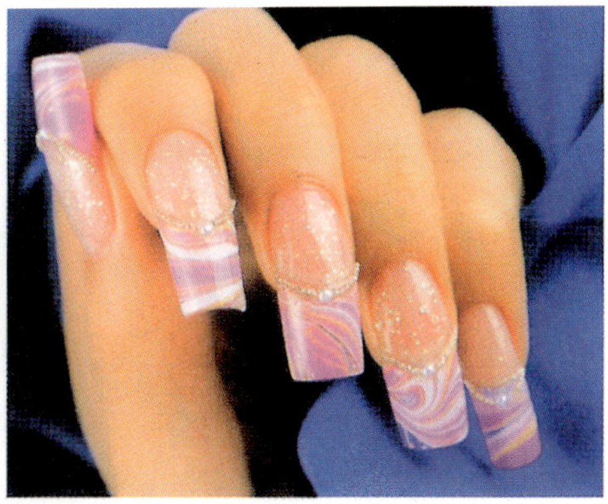

톱 코트 바르기

5

생화네일 디자인

(1) 재료

① 생화

② 핀셋

③ 색상 젤, 탑젤

④ 클리어젤

⑤ 젤 램프

(2) 시술 방법

① 색상 젤을 발라 젤 램프에 큐어 하고 생화를 젖은 티슈에 불려 아트 준비 한다.

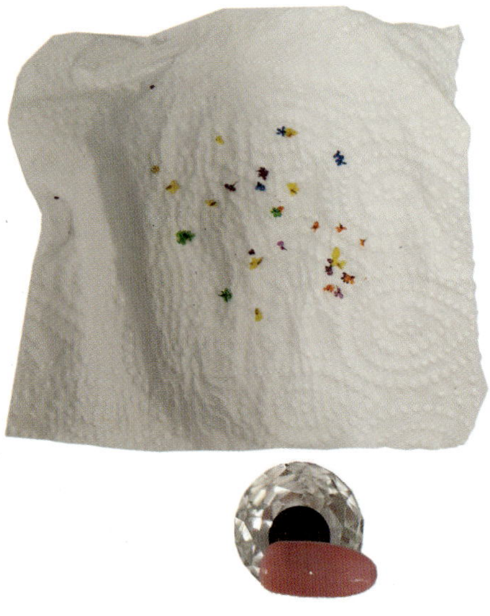

준비

② 생화가 잘 붙을 수 있게 클리어젤을 전체적으로 얇게 바른다.

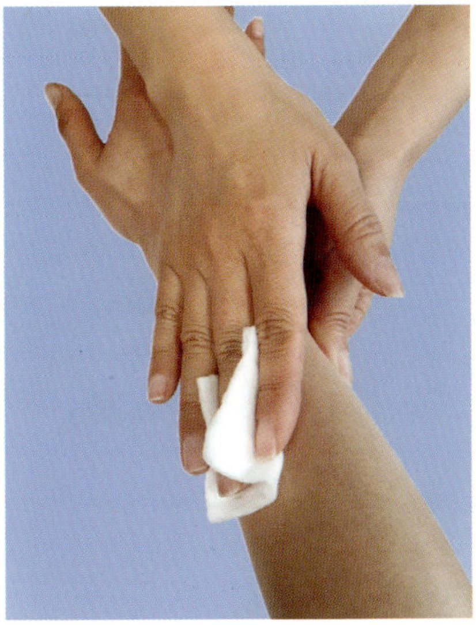

클리어젤 바르기

③ 핀셋을 이용하여 생화를 올린다.

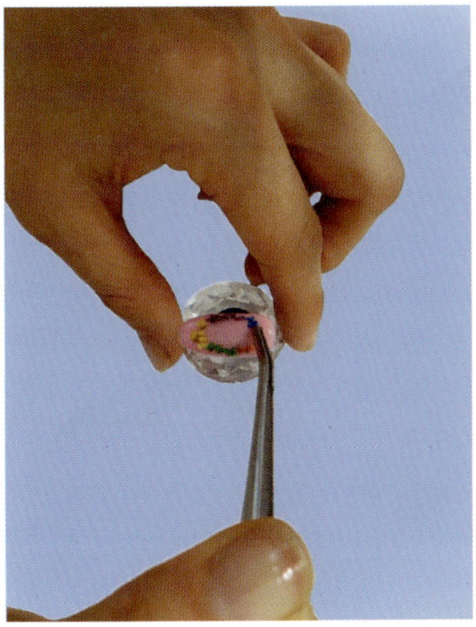

생화 올리기

④ 탑젤 발라 큐어 해 마무리한다.

마무리

6

데코레이션(decoration) 아트

(1) 준비물

① 색상 젤, 탑젤

② 클리어 젤

③ 여러 가지 데코레이션

④ 젤 램프

(2) 시술 방법

① 색상 젤을 발라 젤램프에 큐어 해서 아트 준비한다.

준비

② 클리어젤을 전체적으로 발라 데코레이션이 잘 부착될 수 있도록 한다.

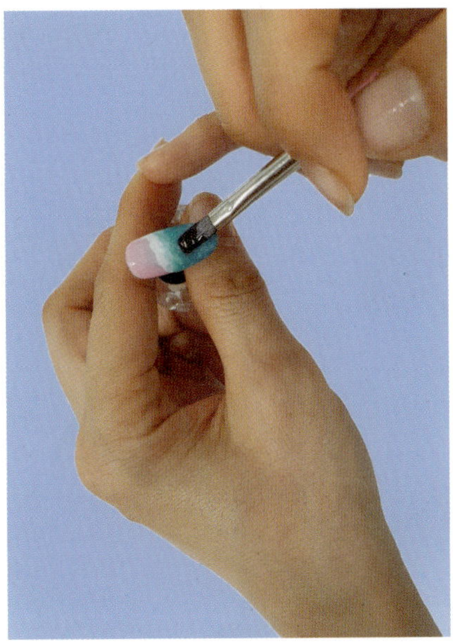

클리어젤 바르기

③ 데코레이션들을 원하는 위치에 올린다.

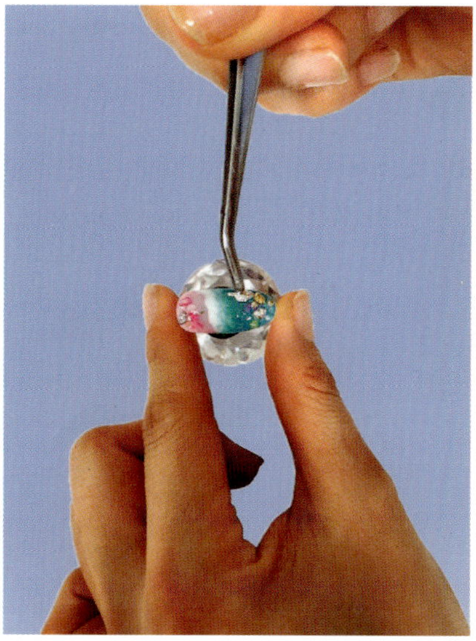

데코레이션 올리기

④ 전체적으로 클리어젤을 얇게 올려 데코레이션을 감싸 준 후 큐어한다.

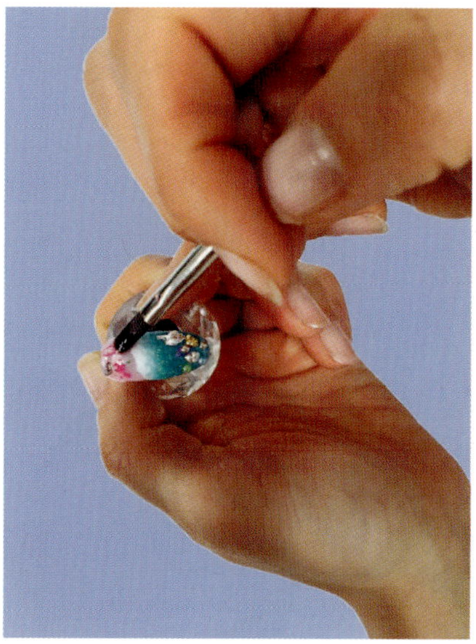

클리어젤 올리기

⑤ 탑젤 발라 큐어 해 마무리한다.

마무리

7

3D(3Dimension)

3D란 디자인을 입체적으로 표현하는 기법을 말하며 아크릴 파우더로 문양을 만들어 장식하는 것이 특징이다. 아크릴 파우더 이외에도 와이어와 기타 조형물 등을 활용하여 얼마든지 창작할 수 있는 아트 분야이다.

3D

(1) 재료

① 호일

② 여러 색상의 아크릴 파우더

③ 아크릴 리퀴드

④ 아크릴 브러시

(2) 시술 방법

① 팁에 베이스 코트, 에나멜, 톱 코트를 바른다.

② 컬러 파우더를 이용하여 자신이 원하는 색상을 만든다.

③ 호일을 준비하여 호일 위에 자신이 원하는 모양을 만든다.

④ 모양이 만들어지기까지 기다린 다음 호일에서 떼어내 장식한다.

8

에어브러시(airbrush)

에어브러시는 '기계를 이용한 도색용 붓'이라고 할 수 있다. 에어브러시 디자인 공법은 이미 오래 전부터 다른 분야에서 대중화된 특수기법으로 네일 아트에 새롭게 접합된 분사기법이다. 에어브러시에 부착된 도료 컵에 원하는 색상의 도료를 넣고 공기압(예를 들면 콤프레서, 압축 공기가 들어있는 가스 봄베 등)을 이용해 도료를 뿌리게 되는데 넓은 부분의 단색 도장에서 연필처럼 가는 선까지도 그릴 수도 있다. 에어브러시의 가장 큰 장점은 모형에 매우 부드러운 그라데이션 작업이 가능하고 여러 가지 색상의 혼합해서 사용하는 것이 가능하다는 것이다.

가장 기본적인 형태의 에어브러시는 외부 혼합 방식의 스프레이인데, 보통 브러시 바깥쪽에서 도료와 공기가 섞여 뿌려지는 사이폰 방식을 사용한다.

내부 혼합방식의 에어브러시(도료와 공기가 에어브러시 안에서 섞이는)가 일반적인데 단순한 싱글 액션 방식의 에어브러시는 트리거를 당기는 정도에 따라 분사되는데 도료의 양(뿌려지는 면적)은 에어브러시 몸통 뒤쪽에 있는 손잡이를 움직여 조절한다.

좀더 복잡한 방식의 더블 액션 방식은 도료와 공기가 동시에 에어브러시를 통해서 뿜어져 나오는 방식이다. 트리거를 누르면 공기가 나오고, 뒤쪽으로 당기면 도료가 나오게 되는데 숙련되면 에어브러싱 작업 중에도 두께를 자유자재로 조절할 수 있다는 장점이 있다.

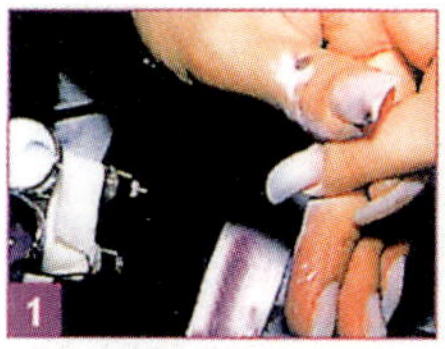

1 베이스에 흰색을 분사한다.

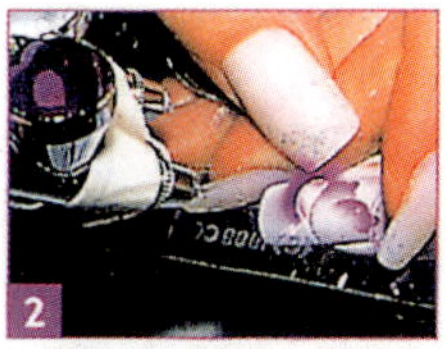

2 스텐실을 대고 보라색으로 꽃잎의 테두리를 따라 분사한다.

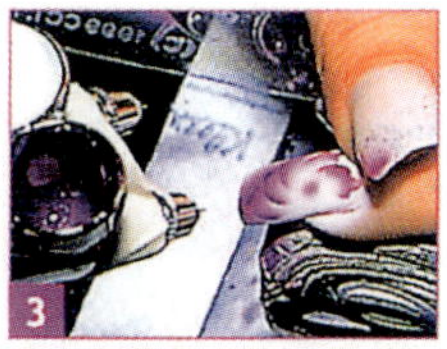

3 꽃의 센터를 잡고 건을 90°로 세워 서서히 위로 올리면서 분사한다.

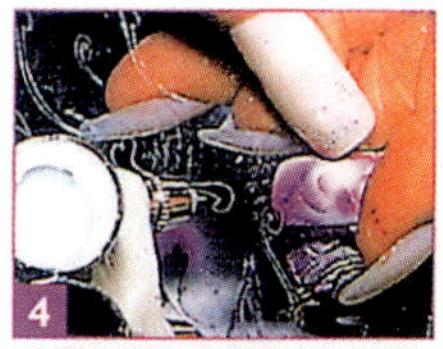

4 3번을 중심으로 스텐실을 대고 흰색을 분사해 꽃잎을 연출한다.

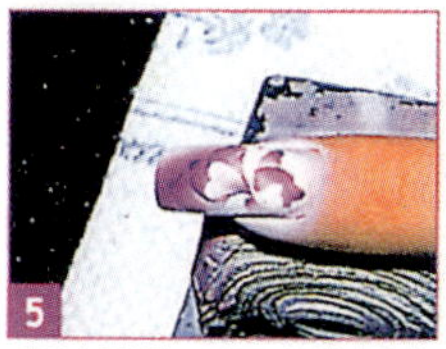

5 꽃잎이 겹쳐진 느낌으로 한 장씩 분사한다.

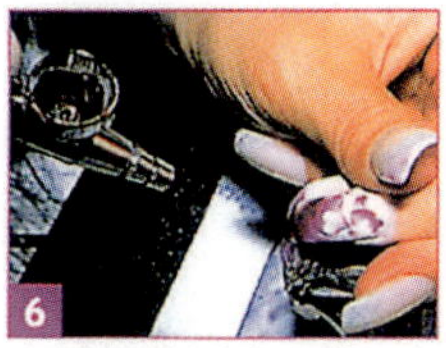

6 후리엣지 부분에 갈색으로 선을 그리듯 그라데이션한다.

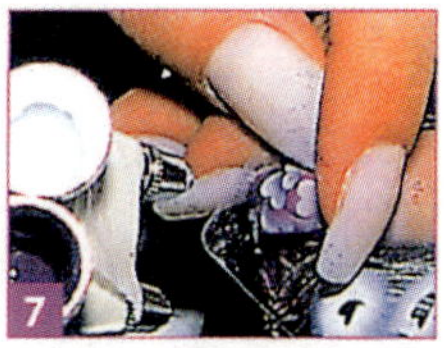

7 6번 위에 스텐실을 대고 5번과 같은 느낌으로 꽃잎을 디자인한다.

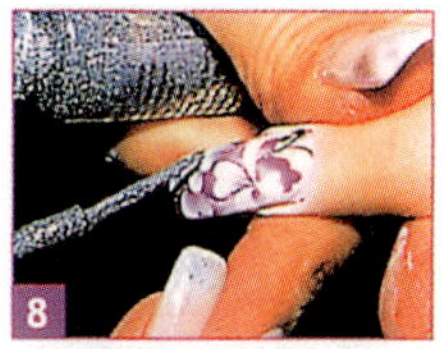

8 흰색과 갈색을 분사해 수술을 만들고, 펄 아트펜으로 장식한 후 탑코트로 마무리.

TIP

청소하는 방법

- 신너를 적당히 붓고 도료를 찍어 컵에 담았던 붓으로 휘저으면 보글보글합니다. 그 다음 휴지로 닦아낸다.
- 다시 신너를 붓고 보글보글 한 다음 그 붓을 노즐 앞에 대고 뿌린다. 에어브러시 청소도 하고 붓도 동시에 청소 하는 것이다. 또 휴지로 컵 안을 닦는다.
- 마지막으로 신너를 붓고 반복한다. 다음에 에어브러시로 뿌릴 색이 밝은 색이라면 아주 꼼꼼히 씻어야 한다.

특히 흰색의 경우는 앞에 썼던 색이 섞여서 나올 경우가 많다. 이때는 위의 세 단계를 한 다음 붓으로 흰색을 약간만 찍어서 컵에 넣고 다시 쓴다. 흰색을 씻는 것이다.

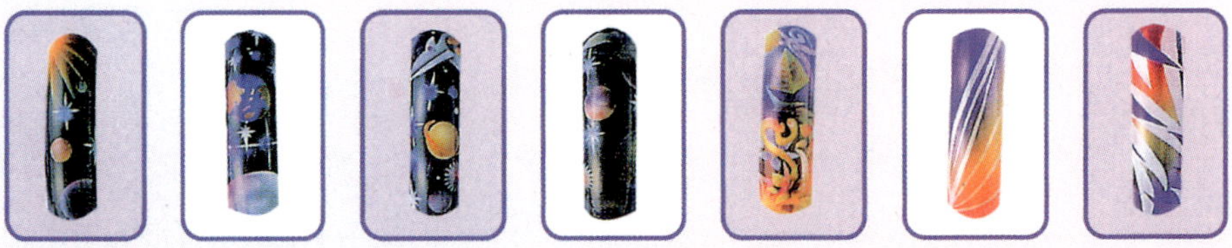

MEMO

It creates

Nail

Beauty Art

Chapter 04

네일아트 모음전

1. 젤 디자인
2. 악세서리 디자인
3. 믹스미디어 디자인
4. 프로트랜스 디자인
5. 트랜드 디자인
6. 디저트 디자인

1

젤 디자인

2

악세사리 디자인

3

믹스미디어 디자인

4

프로트랜스 디자인

5

트랜드 디자인

6

디저트 디자인

실전! 연습해 보기

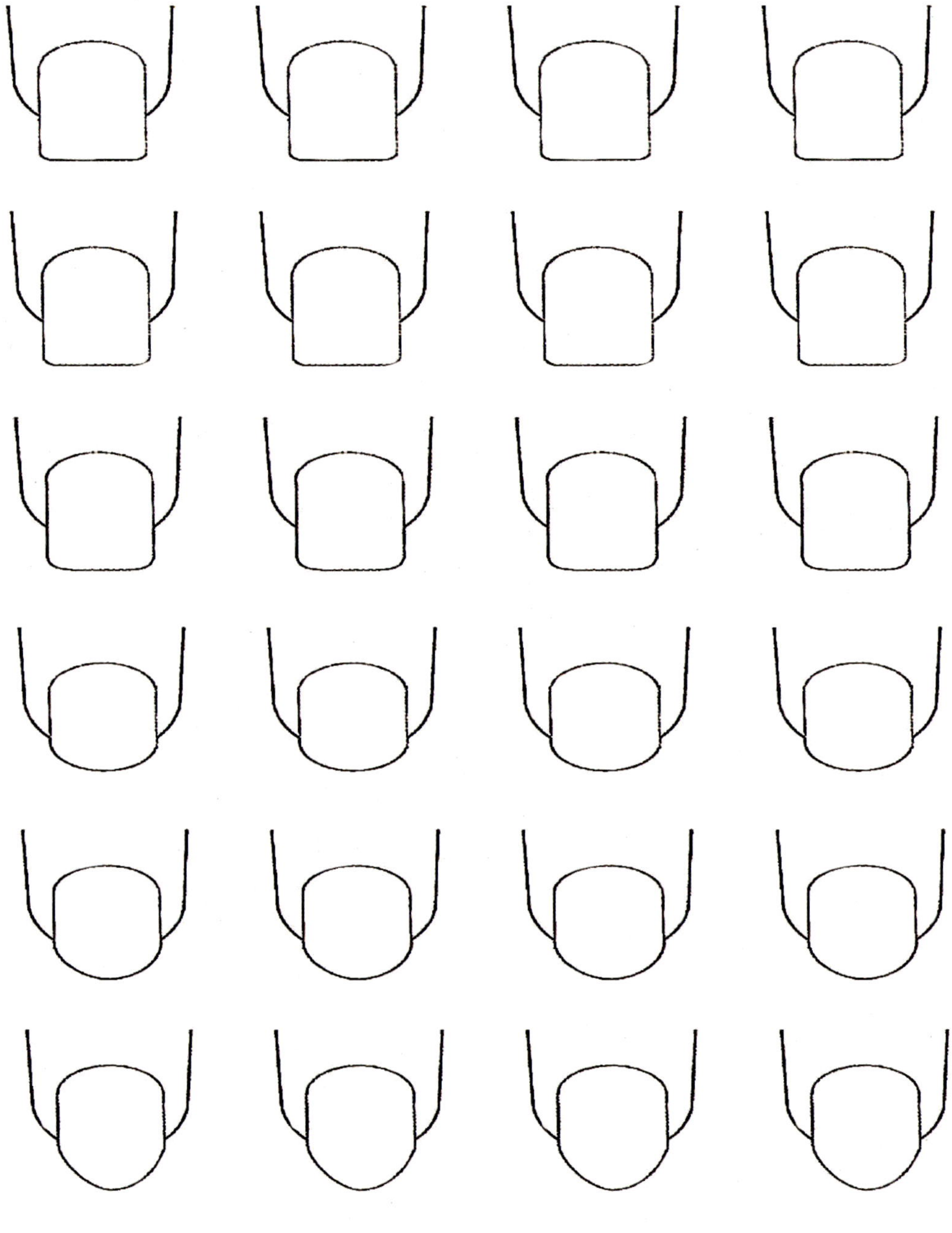

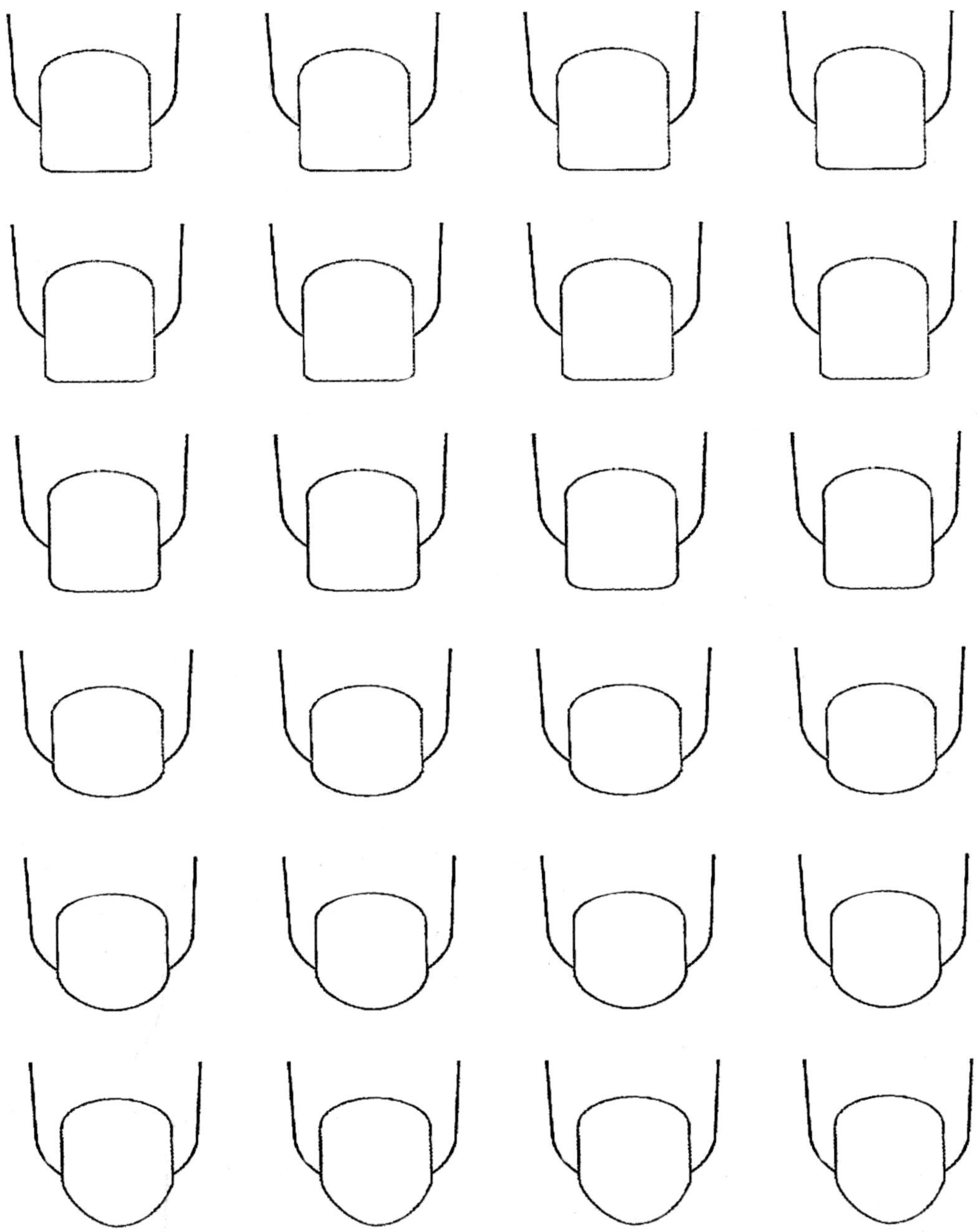

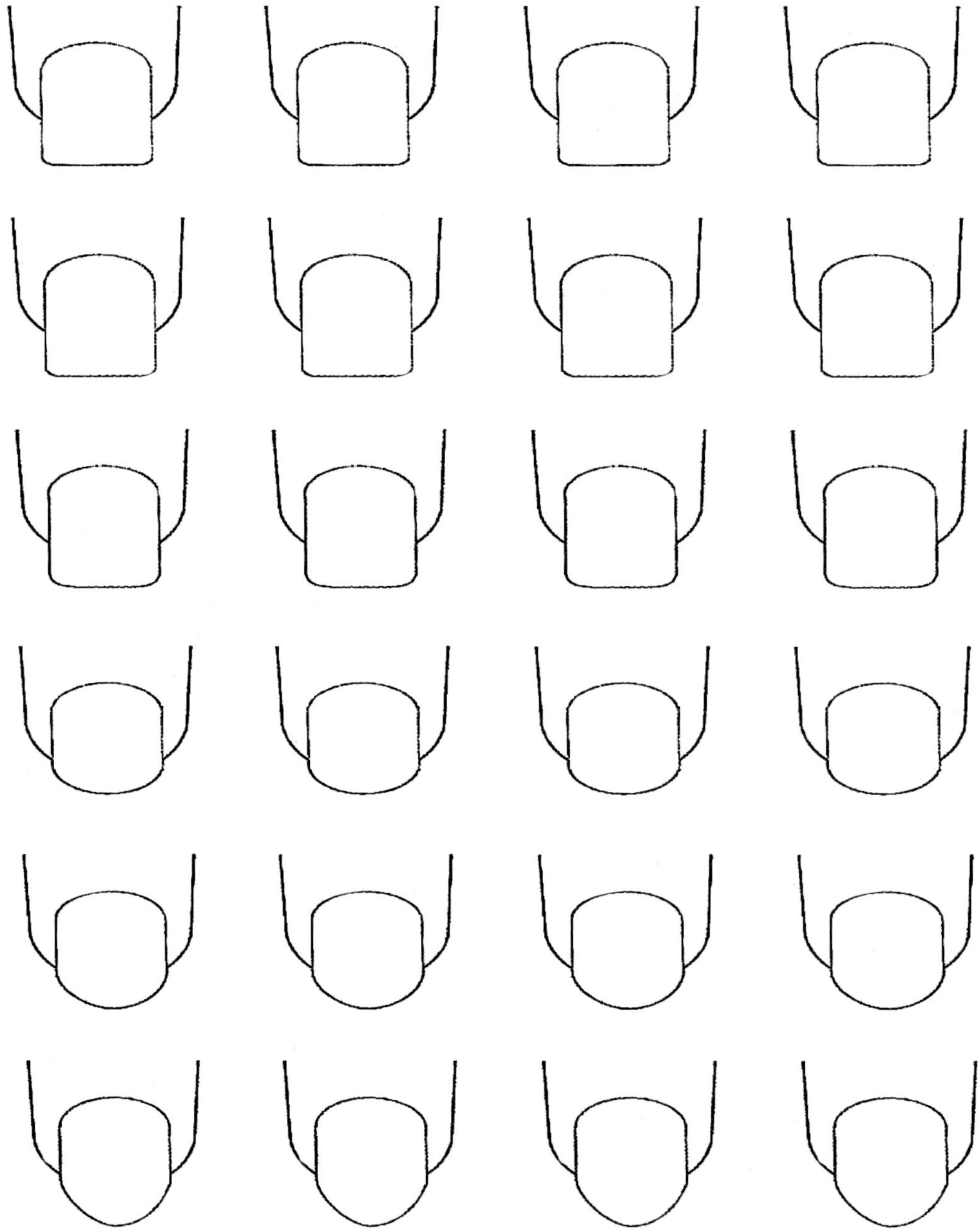

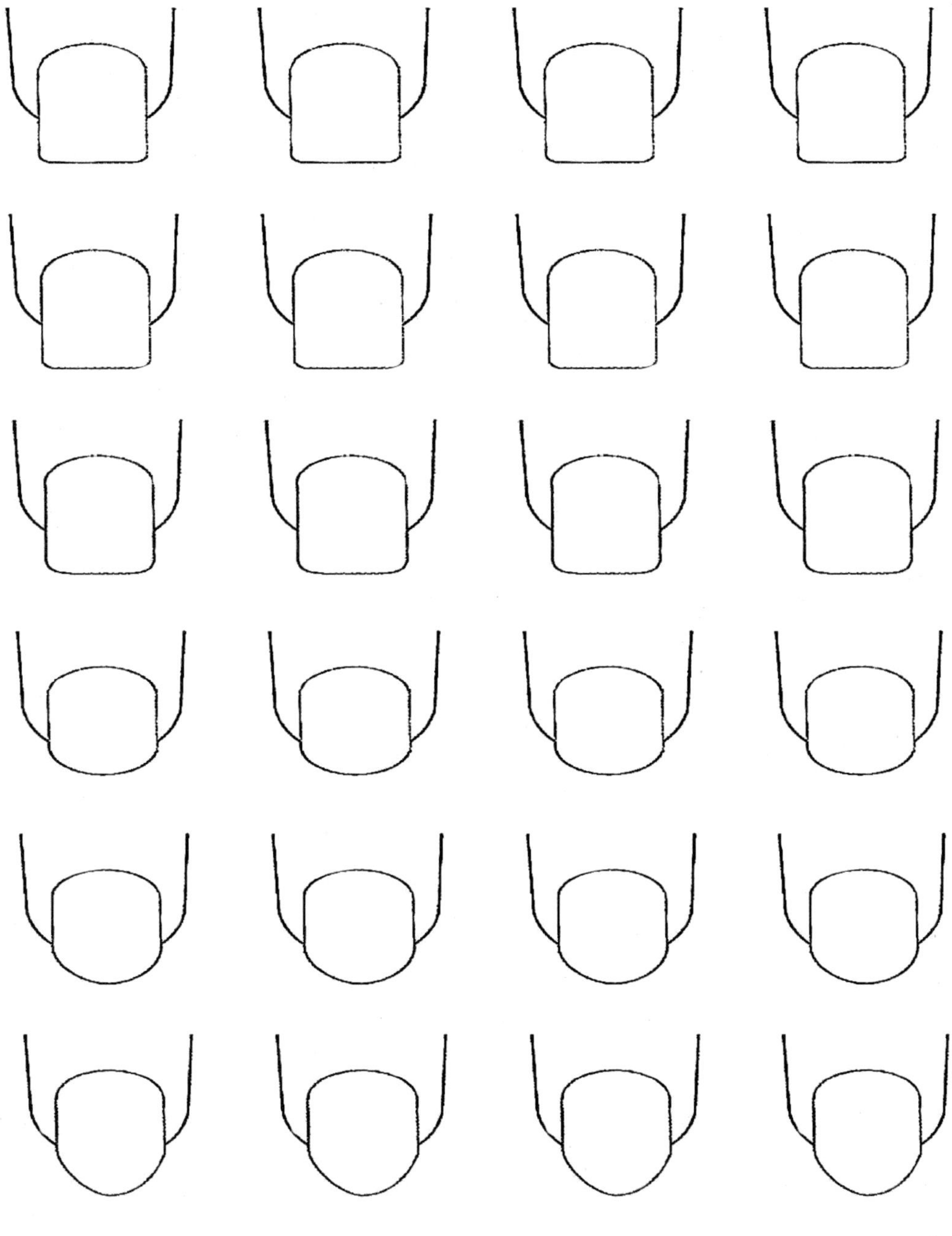

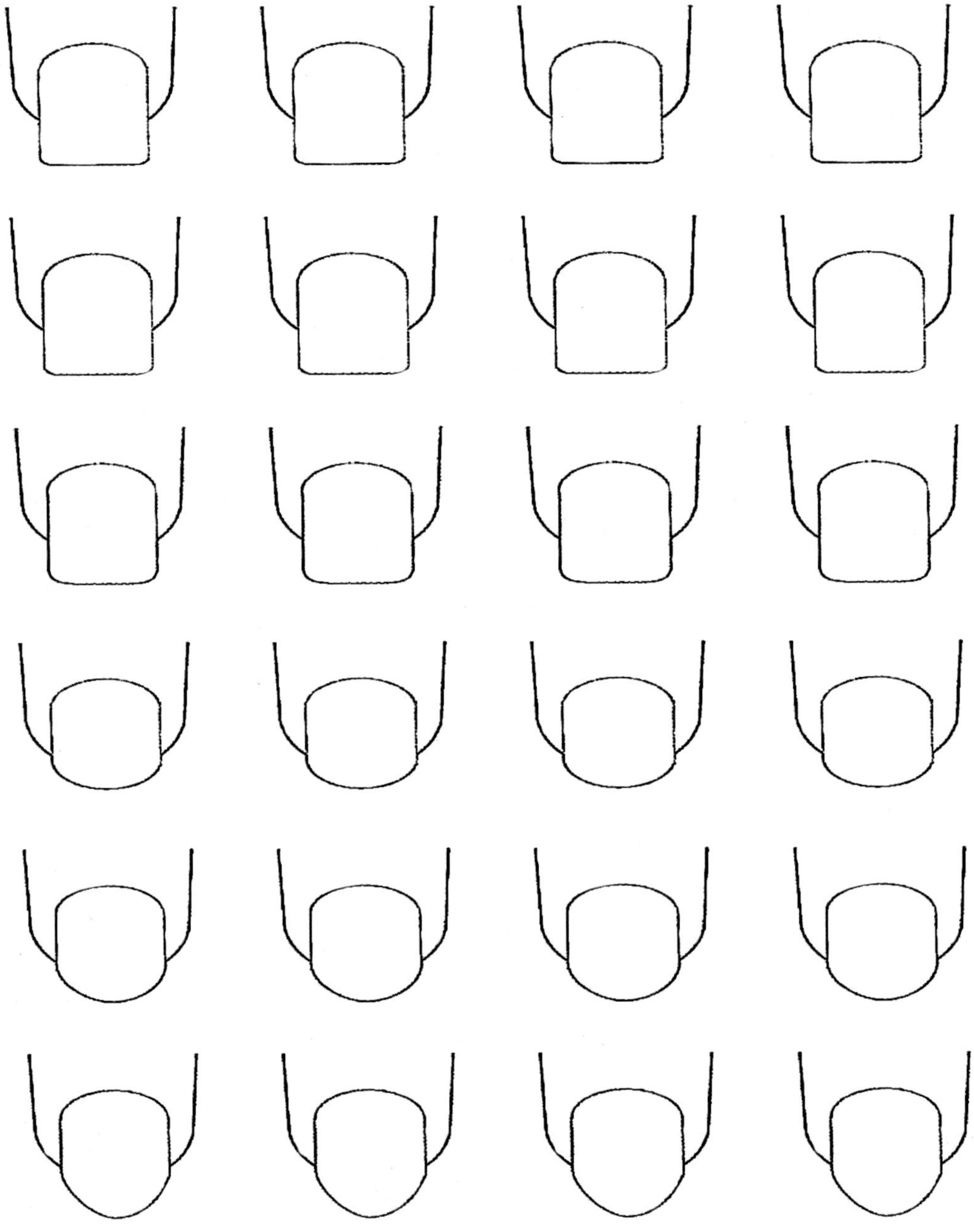

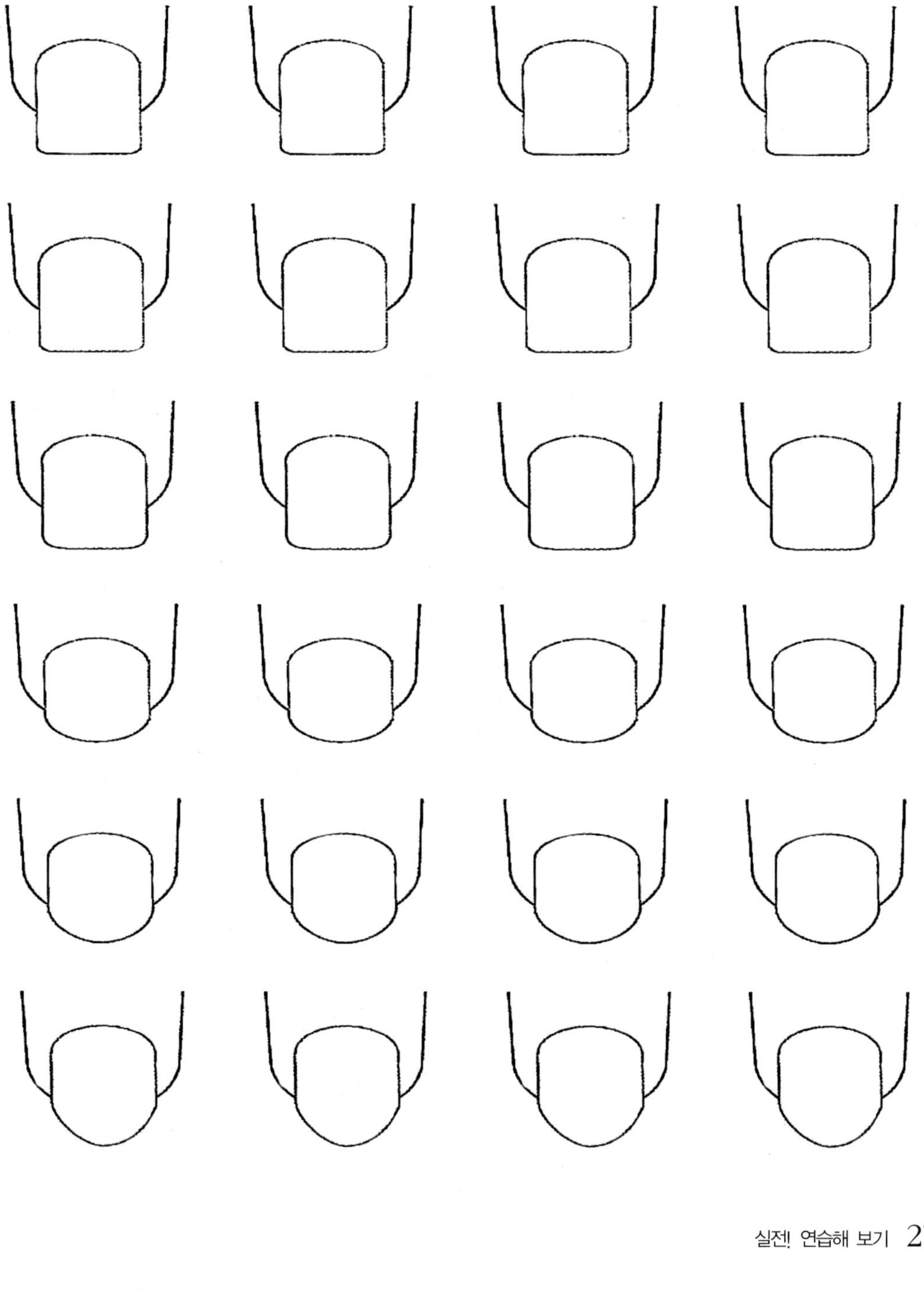

네일 디자인

초판 1쇄 인쇄 / 2024년 3월 22일
초판 1쇄 발행 / 2024년 3월 29일

공저 허정록 · 임서윤
발행처 형설출판사
경기도 파주시 회동길 37-23 · 전화 (031) 955-2361~4 · 팩시밀리 (031) 955-2341
발행인 장진혁
등록 라-제9호 · 1962년 5월 1일
홈페이지 http://www.hyungseul.co.kr
e-mail hs@hyungseul.co.kr

정가 24,000원

ISBN 978-89-472-8673-2 93590

네일 디자인